爆 破 工 程

（第二版）

刘殿书　李胜林　梁书锋　主编

科 学 出 版 社

北 京

内 容 简 介

本书是《爆破工程》(刘殿书,李胜林.2011.科学出版社)的第二版,在保持了第一版内容结构安排的基础上,增加了实验指导的章节。即爆炸与爆破、炸药的基本理论、工业炸药、爆破网路、岩石的爆破机理、地下爆破、露天爆破、拆除爆破、爆破安全、凿岩理论与机具、爆破工程室内实验指导;同时,第4章增加了"工业数码雷管"、第5章增加了"最小抵抗线原理"、第6章增加了"巷道爆破设计"、第7章增加了"露天矿山台阶爆破设计",附录中增补了"常用的爆破器材与设备"。本书在保持理论和技术的系统性、完整性的基础上,力求语言简练和工程实用。

本书可作为高等院校土木工程、采矿工程、安全工程专业本科生的教材,也可供其他相关专业教学选用,研究生和爆破工程技术人员也可参考。

图书在版编目(CIP)数据

爆破工程 / 刘殿书,李胜林,梁书锋主编. —2 版. —北京:科学出版社,2017.10

ISBN 978-7-03-054162-8

Ⅰ. ①爆⋯ Ⅱ. ①刘⋯ ②李⋯ ③梁⋯ Ⅲ. ①爆破技术-高等学校-教材 Ⅳ. ①TB41

中国版本图书馆 CIP 数据核字(2017)第 197227 号

责任编辑:王淑兰 / 责任校对:王万红
责任印制:吕春珉 / 封面设计:东方人华

科学出版社 出版

北京东黄城根北街 16 号
邮政编码:100717
http://www.sciencep.com

北京九州迅驰传媒文化有限公司印刷
科学出版社发行 各地新华书店经销

*

2011 年 6 月第 一 版　　开本:787×1092 1/16
2017 年 10 月第 二 版　　印张:13 1/2 插页 2
2025 年 1 月第六次印刷　字数:320 000

定价:46.00 元
(如有印装质量问题,我社负责调换)

销售部电话 010-62136230 编辑部电话 010-62135235(VP04)

版权所有,侵权必究

第二版前言

《爆破工程》第一版于 2011 年面世,并被评定为"普通高等教育'十一五'国家级规划教材"。第一版问世的 6 年中,被许多学校作为教材采用,相关工程技术人员也作为技术参考书使用,并得到了师生和工程技术人员的好评。随着近年国家新标准的颁布,爆破新技术的推出,以及教学实践的需求,编者对第一版的部分内容进行了修订、增删,编写了《爆破工程》第二版。

《爆破工程》第二版从本科教学要求出发,系统地介绍了爆破工程所涉及的基础理论和常用工程技术,适应大土木工程、大采矿工程等专业本科教学的特点,具备行业特色,将与行业相关的"钻眼爆破""凿岩爆破"等内容纳入到"爆破工程"课程教学中。本书在第一版的内容结构安排基础上,增加了一章"爆破工程室内实验指导",同时在第 4 章增加了"工业数码雷管"、第 5 章增加了"最小抵抗线原理"、第 6 章增加了"巷道爆破设计"及第 7 章增加了"露天矿山台阶爆破设计"的内容,附录中增补了"常用的爆破器材与设备"。本书在保持理论和技术的系统性、完整性的基础上,力求语言简练和工程实用。

本书由刘殿书、李胜林、梁书锋任主编,参加编写的有万元林、刘殿书、李胜林、杜玉兰、陈寿峰、单仁亮、高全臣、郭东明、梁书锋。具体编写分工如下:第 1 章、第 2 章和第 7 章由李胜林编写,第 3 章、第 4 章和第 5 章由刘殿书编写,第 6 章由高全臣编写,第 8 章由陈寿峰编写,第 9 章由万元林编写,第 10 章由单仁亮编写,第 11 章、附录 B 由梁书锋编写,附录 A 由杜玉兰、郭东明编写。王树仁教授和杨永琦教授审阅了全书,并提出了宝贵的修改意见。

中国矿业大学开展的爆破工程教学与科研已有半个多世纪的历史,历经几代人的传承与发展,本书也凝聚了前辈们的教学、科研成果与辛勤劳动。

编者水平有限,书中的错误和不当之处,恳请读者批评指正。

编者邮箱:lsl@cumtb.edu.cn

编 者
2017 年 8 月

第一版前言

随着 20 世纪 90 年代以来的本科教育专业调整，原煤炭、冶金等系统的院校中一些本科专业纳入了土木工程、采矿工程等专业的教学之中，形成了具备行业特色的"大"土木工程、"大"采矿工程专业，与行业有关的"钻眼爆破""凿岩爆破"等爆破课程名称也逐步统一为"爆破工程"，课程时数和教学内容都有了较大调整。为适应大土木工程、大采矿工程等专业本科教学之需要，编者根据多年的教学和工作经验编写了本书。

本书从本科教学要求出发，系统地介绍了爆破工程所涉及的基础理论和常用工程技术，内容包括：爆炸与爆破、炸药理论、工业炸药、爆破网路、岩石的爆破机理、地下爆破、露天爆破、拆除爆破、爆破安全、凿岩理论与机具。本书在保持理论和技术的系统性和完整性的基础上，力求语言简练和工程实用。

本书由刘殿书、李胜林任主编。具体编写分工如下：李胜林编写第 1 章、第 2 章和第 7 章；刘殿书编写第 3 章、第 4 章和第 5 章；高全臣编写第 6 章；陈寿峰编写第 8 章；万元林编写第 9 章；单仁亮编写第 10 章。王树仁教授和杨永琦教授审阅了全书并提出了宝贵的修改意见。

中国矿业大学开展的爆破工程教学与科研已经有半个多世纪的历史，历经几代人的传承和发展，本书也凝聚了前辈们的教学、研究成果和辛勤劳动。

编者水平有限，书中的错误和不当之处，恳请读者批评指正。

编者邮箱：lds@cumtb.edu.cn

编　者
2010 年 12 月

目　　录

第1章 爆炸与爆破

1.1 爆 炸

自然界中存在着各种各样的爆炸现象。从广义上讲，爆炸是指物质系统一种极为迅速的能量转化过程，是系统蕴藏的或瞬间形成的大量能量在极短的时间内骤然释放或转化的现象。在这种能量骤然释放或急剧转化的过程中，物质系统的能量转化为高压作用、声响以及光和热辐射等。

爆炸作用过程包括两个阶段：在第一阶段，物质的潜能转化为强烈的压缩能；在第二阶段，压缩能急剧释放，并对外做功。爆炸同时具备两个特征：①爆炸源具有极大的能量密度；②爆炸过程具有极快的能量释放速度。

按照爆炸过程的性质，爆炸现象可分为以下三类：

（1）物理爆炸。由系统释放物理能引起的爆炸。物理爆炸发生仅是物理变化，爆炸前后物质形态虽发生急剧变化，但其性质和化学成分并没有改变，如蒸汽锅炉的爆炸。

（2）化学爆炸。由物质化学变化（释放化学能）引起的爆炸。爆炸前后，物质形态发生急剧变化，且伴随有极迅速的化学反应，物质性质和化学成分都发生了变化，并有新物质产生，如炸药爆炸、瓦斯爆炸和煤尘爆炸等。

（3）核爆炸。由核裂变或核聚变释放出巨大核能所引起的爆炸。核爆炸是更加剧烈的爆炸现象，并伴有光辐射和贯穿辐射，如原子弹和氢弹爆炸。

1.2 炸 药 爆 炸

1.2.1 炸药及其特性

炸药泛指能够发生化学爆炸的物质，包括化合物和混合物。广义上来讲，火药、烟火剂、起爆药、推进剂等都属于炸药的范畴。通常说的炸药是指用于爆破和军事爆炸的炸药。

炸药具有以下特性：

（1）高能量密度。炸药是一种含能物质，主要体现在单位体积物质反应热值大，能量密度高。

（2）强自行活化。炸药爆炸反应释放大量的能量，比反应活化能大得多，所以反应一旦开始，便可自行进行下去，直到反应完全。

（3）亚稳定性。炸药是相对稳定的物质，能够承受一定强度的外界作用而不爆炸。

（4）自供氧。炸药的爆炸反应是炸药分子或组分之间的氧化反应，不需要外界供给氧气。

1.2.2 炸药爆炸的特征

炸药在外界作用下，能够自行发生高速化学反应，在极短的时间内释放出大量的能量，并产生大量的气体，这一过程称为炸药爆炸。

炸药爆炸是一种剧烈的氧化反应，是一个化学变化过程，炸药通过爆炸反应释放的化学能变成爆炸反应物的热能和压力位能，对环境介质做功。

炸药爆炸具有以下三个特征：

（1）反应的放热性。爆炸过程中放出的大量热能是产生爆炸的首要条件。

炸药反应只有在炸药自身提供能量的条件下才能自动进行。没有这个条件，爆炸过程根本不能发生，反应也不能自行延续，也就不可能出现爆炸过程的自动传播。

吸热反应或放热不足都不能形成爆炸。显然，依赖外界供给能量来维持其分解的物质，不可能具有爆炸的性质，所以，反应是否具有爆炸性，与反应过程能否放出热量密切相关。

（2）反应的快速性。反应的快速性是炸药爆炸过程区别于一般化学反应的最重要的标志。

虽然炸药的能量储藏值并不比一般燃料大，但由于反应过程的高速度，炸药爆炸所达到的能量密度是一般化学反应所无法比拟的。

只有极高的反应速度，产生极高的能量释放率，才能造成反应极高的能量密度。只有高速的化学反应，才能忽略能量转换过程中热传导和热辐射的损失，在极短的时间内将反应形成的大量气体产物加热到数千度，压强猛增到数万兆帕（MPa）。高温高压气体迅速膨胀，具有巨大的做功功率和强烈的破坏作用。

（3）生成大量气体。反应过程中有大量的气体产物生成是炸药爆炸的重要特征。

在爆炸过程中，气体产物是造成高压的原因，也是对周围介质做功的介质。由于气体具有很大的可压缩性和膨胀系数，在爆炸的瞬间处于强烈的压缩状态，从而形成很高的压力势能。该压力势能在气体膨胀过程中，迅速转变为机械能。

反应的放热性、快速性和生成大量的气体产物，这三个基本特征构成炸药爆炸的必要条件，称为炸药爆炸的三要素。反应过程的放热性提供了爆炸反应的能源，保障了爆炸反应的连续和传播；反应过程的高速度则使爆炸产物具有极高的能量密度和功率密度，产生大量的气体则是对周围介质做功的介质，爆炸产生的热量通过高温高压气体产物的剧烈膨胀实现能量转换。

1.2.3 炸药化学变化的形式

爆炸并非炸药唯一的化学变化形式。由于环境条件、化学反应的激发条件、炸药性质等的不同，炸药化学变化过程可能以不同的速度进行，在反应性质上也有很大的差异。炸药的化学变化形式有三种：分解、燃烧、爆炸（爆轰）。

1. 分解

炸药在常温条件下会以缓慢速度进行分解反应，环境温度越高，分解越显著。

分解反应的特点是：炸药内部各点温度相同，反应在全部炸药中同时进行，没有集中的反应区。

分解反应的速度受温度、浓度、压力等环境因素影响，反应既可以吸热，也可以放热，这取决于炸药类型和环境温度。当环境温度较高时，所有炸药的分解反应都伴随有热量放出，若放出的热大于散热时，热量聚集会引起反应自动加速，当温度升高到某一定值（爆发点）时，热分解就转化为爆炸。

分解反应反映了炸药的化学安定性，影响炸药的储存和使用。

2. 燃烧

燃烧是可燃元素（如碳、氢等）激烈的氧化反应。炸药在热源作用下，也会产生燃烧，与其他可燃物的燃烧的区别仅在于炸药燃烧时不需要外界供氧。

与分解反应不同，炸药燃烧不是在全部物质内同时展开的，而只在局部区域内进行。进行燃烧的区域称为燃烧区，或称为反应区。反应区以波的形式在炸药中向前传播，称为燃烧波，燃烧波的传播速度就是燃烧速度。

炸药燃烧时，燃烧产物向外部空间排出，燃烧反应区则向尚未反应的炸药内部传播，二者运动方向相反。炸药燃烧主要靠热传导来传递能量，因此燃烧速度不可能很高，一般是每秒几毫米至几百米，低于炸药内的声速。燃烧速度受环境条件影响，特别是受压力和温度的影响较大，也受炸药的结构、密度和外壳等因素的影响。

炸药在燃烧过程中，若燃烧速度保持定值就称为稳定燃烧，否则就称为不稳定燃烧。

炸药的快速燃烧称为爆燃，速度可达每秒数百米。

3. 爆炸（爆轰）

炸药爆炸的特点是反应区的压力、温度等发生突变，化学反应也只是在局部区域（即反应区）内进行并在炸药内传爆。反应区的传播速度称为爆速。

炸药爆炸以最大而稳定的爆速进行传爆的过程叫作爆轰。这是炸药所特有的一种化学变化形式，爆轰过程与外界的压力、温度等条件无关。

爆轰的传播速度是恒定的，爆炸的传播速度是可变的。就这个意义上讲，爆炸和爆轰并无本质上的区别，可以认为爆炸就是爆轰的一种形式，即不稳定的爆轰。

虽然炸药的爆炸与燃烧都是在炸药局部区域内进行且在其内部传播，但炸药的燃烧过程与爆炸过程有着本质的区别，主要表现在以下几个方面：

（1）传播的性质。燃烧靠热传导传递能量并激起化学反应，而爆炸则是靠瞬间产生的压缩冲击波来传递能量并激起化学反应。

（2）速度。燃烧的传播速度大大低于爆炸波的传播速度。燃烧速度总是小于声波在原始炸药内的传播速度，而爆炸速度总是大于原始炸药内的声速。再者燃烧受环境影响较大，特别是压力条件影响，而爆炸基本上不受环境条件影响。

（3）产物的运动方向。燃烧产物的运动方向与反应区传播方向相反，而爆炸产物的运动方向则与反应区传播方向相同，后者因而可产生很高压力，而火焰区域内燃烧产物的压力大大低于在爆炸波后面的压力。

（4）对外界的作用。燃烧点压力升高不大，在一定条件下才对周围介质产生爆破作用。爆炸点有剧烈的压力突跃，无须封闭系统便能对周围介质产生强烈的爆破作用。

炸药的上述三种化学变化形式在一定条件下能够相互转化，热分解可发展为燃烧、爆炸。反之，爆炸也可转化为燃烧和热分解。

1.3 爆 破

1.3.1 爆破方法的分类

爆破是指利用炸药的爆炸能量对介质做功以达到预定工程目标的作业。

人类对爆炸的研究与应用源于我国黑火药的发明（约公元 7 世纪）和发展，10 世纪，我国已经将黑火药用于军事和烟火。大约在 11～12 世纪时，黑火药开始传入阿拉伯国家，后（13 世纪）传入欧洲。1627 年在匈牙利一水平巷道掘进时，首次将黑火药用于破坏岩石，这是第一次使用火药来替代人的体力劳动。1670 年以后，爆破技术在欧洲得到了广泛的应用。一直到 1865 年瑞典化学家阿尔弗雷德·诺贝尔（Alfred Nobel）发明了以硝化甘油为主要组分的代纳迈特（Dynamite）炸药之后，爆破才真正进入了工业化时代。差不多就在诺贝尔发明代纳迈特的时候，奥尔森（Olsson）和诺宾（Norrbein）于 1867 年发明了硝酸铵和各种燃料制成的混合炸药，奠定了硝铵类炸药与硝甘类炸药竞争发展的基础。进入 20 世纪后，爆破器材和爆破技术得到了进一步的发展。1919 年出现了导爆索，1927 年在瞬发雷管的基础上成功研制了秒延期电雷管。1956 年库克发明了浆状炸药，解决了硝铵炸药防水的问题，其后又研制和推广了导爆索起爆系统，1973 年瑞典诺贝尔公司研制的导爆管起爆系统进一步增加了起爆的安全性。

爆破所涉及的范围是非常广泛的，爆破方法的分类也因视角和目的的不同而多样，常见的分类方法如下。

1. 按药包形状分类

（1）集中药包。从理论上讲，这种药包的形状应是球形体，实际工程中将药包的形状接近球形和立方体的称为集中药包，药包的长度不超过直径（短边）4 倍的柱状药包也属于集中药包。集中药包的爆炸应力波以球面波的形式向外传播。

（2）延长药包。也称为柱状药包或条形药包，理论上的延长药包的长度应当远大于药包的直径，爆炸应力波以柱面波的形式向外传播。实际工程中有两种定义方法：定义一是从药包的几何形状和爆炸波传播特性与集中药包截然不同的特点来定义，以药包的长度与直径（或等效直径）的比值为判据，认为当药包长径比大于等于 8 时即为延长药包；定义二是从药包在岩土内爆破所产生的漏斗形状特征和爆破作用特征定义，以药包的长度与最小抵抗线的比值为判据，认为长抗比大于 2～2.5 时为延长（条形）药包。

（3）平面药包。理论或真实的平面药包是药包呈平板状，爆轰波应看作是平面波，岩土爆破中的平面药包应在岩体内平行于自由面布置，且药包的边长与最小抵抗线之比满足一定的要求。实际工程中的平面药包是以等效作用的集中或条形药包按一定极限间距布成一个装药平面，起爆后，布药平面中的每个药室产生的球形或柱形气体腔相互作用首先贯通而沿布药平面形成一个似平面的整体气体腔，实现平面平行抛掷。

2. **按装药方式分类**

（1）硐室爆破。将大量炸药集中装填于按设计开挖的药室中，一次起爆完成大量土石方爆破的方法。

（2）炮孔爆破。将炸药装填于钻孔中进行破岩的爆破方法，是工程中应用最广的爆破方法。

（3）裸露爆破。直接将炸药敷设在被爆破物体表面上（有时加简单覆盖）起爆，达到破碎目的的爆破方法。

（4）形状药包爆破。将炸药做成特定形状的药包，用以达到某种特定的爆破作用的爆破方法。

3. **按爆破作业性质分类**

（1）露天爆破。包括硐室爆破、深孔台阶爆破、浅孔爆破、石方爆破、沟槽爆破等。

（2）地下爆破。包括井巷掘进爆破、隧道掘进爆破、地下洞室开挖爆破、地下采矿爆破等。

（3）水下爆破。包括水下炸礁爆破、岩塞爆破、爆炸软基处理爆破、爆夯等。

（4）拆除爆破。包括建筑物拆除爆破、构筑物拆除爆破、水压爆破等。

（5）特种爆破。包括爆炸加工、爆炸焊接、爆炸合成等。

此外，工程应用中，常用的爆破作业还可按爆破技术分类，如松动爆破、抛掷爆破、定向抛掷爆破、预裂和光面爆破、毫秒延迟爆破、控制爆破、聚能爆破等。

1.3.2　爆破作业的特点

1. **爆破作业的审批许可**

爆破作业是一种高风险的涉及爆炸物品的特种行业。《民用爆炸物品安全管理条例》（国务院令第 466 号）规定：国家对民用爆炸物品的生产、销售、购买、运输和爆破作业实行许可证制度。炸药和起爆器材的生产、储存、购买、运输、使用都必须遵守中华人民共和国《民用爆炸物品安全管理条例》和《爆破安全规程》的有关规定，爆破作业和爆破器材使用应当得到审批许可。

《民用爆炸物品安全管理条例》规定，在城市、风景名胜区和重要工程设施附近实施爆破作业的，爆破作业单位应向爆破作业所在地区的市级人民政府、公安机关提出申请，提交《爆破作业单位许可证》和具有相应资质的安全评估企业出具的爆破设计、施工方案评估报告。实施爆破作业时，应由具有相应资质的安全监理企业进行监理。

2. **爆破工程分级**

《爆破安全规程》（GB 6722—2014）规定，爆破工程按工程类别、一次爆破总药量、爆破环境复杂程度和爆破物特征，分 A、B、C、D 四个级别，实行分级管理。

根据《爆破安全规程》（GB 6722—2014）规定，爆破工程分级示于表 1-1。

表 1-1　爆破工程分级

作业范围	分级计量标准	级别			
		A	B	C	D
岩土爆破 [a]	一次爆破药量 Q/t	$100 \leqslant Q$	$10 \leqslant Q < 100$	$0.5 \leqslant Q < 10$	$Q < 0.5$
拆除爆破	高度 [b] H/m	$50 \leqslant H$	$30 \leqslant H < 50$	$20 \leqslant H < 30$	$H < 20$
	一次爆破药量 [c] Q/t	$0.5 \leqslant Q$	$0.2 \leqslant Q < 0.5$	$0.05 \leqslant Q < 0.2$	$Q < 0.05$
特种爆破 [d]	单张复合板使用药量 Q/t	$0.4 \leqslant Q$	$0.2 \leqslant Q < 0.4$	$Q < 0.2$	—

a 表中药量对应的级别指露天深孔爆破。其他岩土爆破相应级别对应的药量系数：地下爆破 0.5；复杂环境深孔爆破 0.25；露天硐室爆破 5.0；地下硐室爆破 2.0；水下钻孔爆破 0.1；水下炸礁及清淤、挤淤爆破 0.2。

b 表中高度对应的级别指楼房、厂房及水塔的拆除爆破；烟囱和冷却塔拆除爆破相应级别对应的高度系数为 2 和 1.5。

c 拆除爆破按一次爆破药量进行分级的工程类别包括：桥梁、支撑、基础、地坪、单体结构等；城镇浅孔爆破也按此标准分级；围堰拆除爆破相应级别对应的药量系数为 20。

d 金属破碎爆破与爆炸加工、油气井爆破、钻孔雷管等特种爆破按 D 级进行分级管理。

B、C、D 级一般岩土爆破工程，遇下列情况应相应提高一个工程级别：①距爆区 1000m 范围内有国家一、二级文物或特别重要的建（构）筑物、设施；②距爆区 500m 范围内有国家三级文物、风景名胜区、重要的建（构）筑物、设施；③距爆区 300m 范围内有省级文物、医院、学校、居民楼、办公楼等重要保护对象。

B、C、D 级拆除爆破及城镇浅孔爆破工程，遇下列情况应相应提高一个工程级别：①距爆破拆除物或爆区 5m 范围内有相邻建（构）筑物或需要重点保护的地表、地下管线；②爆破拆除物倒塌方向安全长度不够，需要折叠爆破时；③爆破拆除物或爆区处于闹市区、风景名胜区时。

矿山内部且对外部环境无安全危害的爆破工程不实行分级管理。

3. 爆破作业单位分级

按照《爆破作业单位资质条件和管理要求》（GA 990—2012）规定，爆破作业单位分为非营业性爆破作业单位、营业性爆破作业单位。非营业性爆破作业单位指仅为本单位合法的生产活动需要，在限定区域内自行实施爆破作业的单位。营业性爆破作业单位是指具有独立法人资格，承接爆破作业项目设计施工和/或安全评估和/或安全监理的单位。

营业性爆破作业单位的资质等级由高到低分为：一级、二级、三级、四级，从业范围分为设计施工、安全评估、安全监理。爆破作业单位应当按照其资质等级承接爆破作业项目。非营业性爆破作业单位不分级。

4. 爆破作业人员

爆破作业人员指从事爆破作业的爆破工程技术人员、爆破员、安全员和保管员。

爆破工程技术人员指具有爆破专业知识和实践经验并通过考核，获得从事爆破工作资格证书的技术人员。爆破工程技术人员分为高级（A）、高级（B）、中级（C）和初级（D）。爆破工程技术人员只能承担相应等级及以下的爆破作业项目。

爆破员、安全员和保管员不分级。

1.3.3　爆破工程作业流程

爆破工程的作业程序可以分为以下三个阶段。

1.　工程准备及爆破设计阶段

工程准备及爆破设计阶段包括工程资料的收集、爆破方案的确定、爆破技术设计、工程爆破项目和设计的审查与报批，同时着手工程的施工组织设计和施工准备。

2.　施工阶段

施工阶段指按施工组织设计制订的施工方法、施工顺序和施工进度以及安全保障体系、质量检查体系、设计反馈体系等精心施工的阶段。如钻孔爆破中的布孔、钻孔，硐室爆破中的导硐和药室开挖，拆除爆破中的预处理、钻孔和防护阶段。

3.　爆破实施阶段

爆破实施阶段，即施爆阶段，包括施爆指挥组织系统的组成、装药和填塞、爆破网路连接、防护、警戒、起爆、爆后安全检查、事故处理以及爆破后的总结等。

一般爆破的作业流程见图1-1。

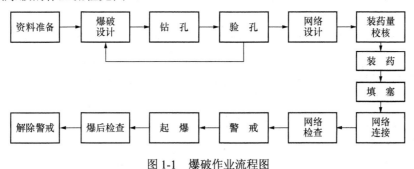

图 1-1　爆破作业流程图

思　考　题

1．什么是爆炸？
2．炸药爆炸三要素是什么？
3．炸药化学反应的三种基本形式是什么？
4．按照不同的爆破作业性质，爆破方法包含哪些？
5．为何进行爆破作业的分级制度？
6．爆破工程作业流程有哪些？

第 2 章　炸药的基本理论

2.1　炸药的氧平衡

2.1.1　氧平衡的概念

组成炸药的主要元素有 C、H、N、O 四种，其中 C、H 是可燃元素，O 是助燃元素。炸药爆炸发生的化学反应是氧化反应，且氧元素由炸药本身提供。理想的氧化反应是放热量最大、生成产物最稳定的氧化反应。发生爆炸反应时，可燃元素 C、H 的完全氧化是按下式进行的

$$C+O_2 \longrightarrow CO_2$$

$$H_2 + \frac{1}{2}O_2 \longrightarrow H_2O$$

若炸药内含有足够的氧，爆炸反应生成的产物为：H_2O、CO_2、N_2 和多余的游离氧。若含氧量不足，在生成产物中，除 H_2O、CO_2、N_2 外，还有 CO、C、H_2 和 N_xO_y（氮氧化物）。

炸药中氧元素的含量直接影响到爆炸反应的生成物，也影响到爆炸反应释放能量的多少。为了表示氧含量与可燃元素含量的相对关系，引用氧平衡的概念。

炸药内含氧量与可燃元素充分氧化所需氧量之间的关系称为氧平衡。氧平衡用氧平衡值或氧系数表示。

每克炸药中保证可燃元素充分氧化时多余或不足的氧量，称为氧平衡值，单位为 g/g，或用百分数表示。

炸药中所含的氧量与完全氧化可燃元素所需氧量的百分比，称为氧系数。

2.1.2　氧平衡的计算

单质炸药和多数混合炸药主要包含 C、H、N、O 四种元素，可以写成通式 $C_aH_bN_cO_d$。单质炸药按 1mol 写出，其氧平衡值计算式为

$$O_B = \frac{d - \left(2a + \dfrac{b}{2}\right)}{M} \times 16 \ (\text{g/g}) \tag{2-1}$$

或

$$O_B = \frac{d - \left(2a + \dfrac{b}{2}\right)}{M} \times 16 \times 100\% \tag{2-2}$$

式中，　O_B——炸药的氧平衡值；

　　　　16——氧的原子量；

　　　　M——炸药的摩尔质量。

混合炸药的通式按 1kg 写出，其氧平衡的计算式为

$$O_B = \frac{d - \left(2a + \dfrac{b}{2}\right)}{1000} \times 16 \qquad (2\text{-}3)$$

$$O_B = \frac{d - \left(2a + \dfrac{b}{2}\right)}{1000} \times 16 \times 100\% \qquad (2\text{-}4)$$

混合炸药的氧平衡也可按炸药中各组分的重量百分比计算

$$O_B = \sum m_i O_{b_i} \qquad (2\text{-}5)$$

式中，　m_i——混合炸药中各组分重量百分比；

　　　　O_{b_i}——混合炸药中各组分的氧平衡值。

对应通式 $C_aH_bN_cO_d$，炸药的氧系数 O_A 计算公式为

$$O_A = \frac{d}{2a + \dfrac{b}{2}} \times 100\% \qquad (2\text{-}6)$$

氧平衡与氧系数之间的关系

$$O_B = \frac{16d(1 - 1/O_A)}{M} \quad (\text{g/g}) \qquad (2\text{-}7)$$

一些炸药和常用组分的氧平衡见附表 A-1。

例如，单质炸药梯恩梯，即三硝基甲苯，化学式 $C_6H_2(NO_2)_3CH_3$，通式是 $C_7H_5N_3O_6$，摩尔质量 227g/mol，则氧平衡值按式（2-1）计算为

$$O_B = \frac{6 - \left(2 \times 7 + \dfrac{5}{2}\right)}{227} \times 16 = -0.74 \ (\text{g/g})$$

2.1.3　含有其他元素时氧平衡的计算原则

为了提高炸药的性能，混合炸药除含主要元素 C、H、N、O 外，还含有 Na、K、Al、S、Fe、Cl 等元素，计算氧平衡应遵循下列原则：

（1）若含 Na、K、Al、S、Fe 等元素，应考虑生成这些元素的氧化物，即 Na→Na_2O；K→K_2O；Al→Al_2O_3；Fe→Fe_2O_3；S→SO_2

（2）若含有 Cl 元素，将它视为氧化性元素，生成氯化氢和金属氯化物等产物。

2.1.4　氧平衡的分类

根据氧平衡值的大小，可将氧平衡分为正氧平衡、负氧平衡和零氧平衡。

（1）当 $d - \left(2a + \dfrac{b}{2}\right) > 0$ 时，$O_B > 0$，$O_A > 100\%$，炸药中的氧完全氧化可燃元素后还

有剩余，这种情况称为正氧平衡，这类炸药称为正氧平衡炸药。

（2）当 $d - \left(2a + \dfrac{b}{2}\right) < 0$ 时，$O_B < 0$，$O_A < 100\%$，炸药中的氧不足以完全氧化可燃元素，这种情况称为负氧平衡，这类炸药称为负氧平衡炸药。

（3）当 $d - \left(2a + \dfrac{b}{2}\right) = 0$ 时，$O_B = 0$，$O_A = 100\%$，炸药中的氧正好能完全氧化可燃元素，这种情况称为零氧平衡，这类炸药称为零氧平衡炸药。

正氧平衡炸药的爆炸产物中会出现 NO、NO_2 等气体，虽然可燃元素能得到充分氧化，放热量大，但是多余的氧与氮反应生成氮氧化物是吸热反应，反而会降低爆炸反应的放热量，影响炸药威力。而且氮的氧化物有强烈的毒性，并能促使煤矿瓦斯和煤尘的燃烧、爆炸，不适于在井下使用。

负氧平衡炸药不能完全氧化可燃元素，爆炸产物中含有可燃性 CO 等有毒气体，甚至出现固体碳。由于氧化反应不充分，不能放出最大热量。

零氧平衡炸药由于没有多余的氧也不缺氧，可燃元素能充分氧化，所以既能放出最大热量，又不产生毒气。

所以，氧平衡对炸药的爆炸性能，如放热量、爆生气体组成和体积、有毒气体含量、气体温度、二次火焰以及做功效率等有着多方面的影响。

2.2　爆炸反应方程

2.2.1　爆炸反应方程的近似写法

爆炸反应方程反映了爆炸产物的成分和含量，是炸药爆轰参数计算的基础，也是分析爆炸产物毒性的重要依据。准确建立爆炸反应方程是比较困难和复杂的，这是因为：

（1）爆炸瞬间处于高温下的产物组分与冷却后用化学分析测定的爆炸产物组分不同，期间可能发生大量的可逆二次反应。

（2）爆炸产物的组分不仅决定于炸药的组分和配比，而且受加工工艺、炸药质量、爆炸条件等因素的影响。

（3）爆炸产生的压力和温度影响二次可逆反应化学平衡的移动，从而影响产物的组分。

（4）起爆条件不同，也会影响产物组分。

一般情况下可以根据理论分析和经验方法写出近似的炸药爆炸反应方程。理论上根据化学平衡和质量平衡原理进行计算，经验方法中 Brinkley 和 Wilson 法的"放出最大热量原则"最为普遍，该法适用于确定爆炸产物的初始组分，下面作简要介绍。

首先写出炸药的通式 $C_aH_bN_cO_d$，按氧平衡将炸药分为三类。

第一类炸药。符合 $d \geqslant 2a + \dfrac{b}{2}$ 的炸药，即正氧平衡和零氧平衡炸药。这类炸药的爆炸反应生成产物应为充分氧化产物，建立爆炸反应方程的原则是：H 全部氧化成 H_2O，C 全部氧化成 CO_2，N 与多余的 O 游离。

反应方程为

$$C_aH_bN_cO_d \longrightarrow aCO_2 + \frac{b}{2}H_2O + \frac{c}{2}N_2 + \frac{1}{2}\left(d - 2a - \frac{b}{2}\right)O_2$$

例如，硝化甘油爆炸的反应方程可写成

$$C_3H_5(NO_3)_3 \longrightarrow 3CO_2 + 2.5H_2O + 1.5N_2 + 0.25O_2$$

第二类炸药。符合 $a + \dfrac{b}{2} \leqslant d < 2a + \dfrac{b}{2}$ 的负氧平衡炸药。这类炸药含氧量不足以使可燃元素充分氧化，但生成产物均为气体，无固体碳。建立爆炸反应方程的原则是：H 全部氧化成 H_2O，C 先全部氧化成 CO，然后多余的 O 将部分 CO 氧化成 CO_2，N 游离。

反应方程为

$$C_aH_bN_cO_d \longrightarrow \frac{b}{2}H_2O + \left(d - a - \frac{b}{2}\right)CO_2 + \left(2a + \frac{b}{2} - d\right)CO + \frac{c}{2}N_2$$

例如，泰安爆炸的反应方程可写成

$$C(CH_2ONO_2)_4 \longrightarrow 4H_2O + 3CO_2 + 2CO + 2N_2$$

反应完成后，可燃元素 C 氧化为 CO 和 CO_2 两种产物。

第三类炸药。符合 $d < a + \dfrac{b}{2}$ 的负氧平衡炸药。这类炸药由于严重缺氧，爆炸产物中有可能出现固体碳。爆炸反应方程的建立原则是：H 全部氧化成 H_2O，剩余的 O 将部分 C 氧化成 CO，多余的 C 和 N 游离。

反应方程为

$$C_aH_bN_cO_d \longrightarrow \frac{b}{2}H_2O + \frac{c}{2}N_2 + \left(d - \frac{b}{2}\right)CO + \left(a - d + \frac{b}{2}\right)C$$

例如，梯恩梯 $C_6H_2(NO_2)_3CH_3$ 的爆炸产物为

$$C_6H_2(NO_2)_3CH_3 \longrightarrow 2.5H_2O + 3.5CO + 3.5C + 1.5N_2$$

2.2.2　有害气体

在炸药爆炸生成产物中，CO 和氮氧化物（NO、NO_2、N_2O_3、N_2O_4）等都属有毒气体，或称有害气体。炸药含硫或含氯酸盐时，还能生成 H_2S、SO_2、HCl、Cl_2 等有毒气体。

H_2S 和 SO_2 等有害气体进入人体呼吸系统后能引起中毒，CO 和氮氧化物不仅危害人体健康，还能对工作环境造成不利影响。在煤矿井下，CO 能够引起二次火焰，而氮氧化物则对瓦斯起催爆作用。

产生有害气体的原因主要有以下几个方面：

（1）炸药的组成和氧平衡。负氧平衡炸药生成 CO 较多，正氧平衡炸药容易产生氮氧化物，尤其是硝酸铵类炸药表现得较为明显。接近零氧平衡的炸药产生有害气体较少。

（2）爆炸反应的不完全性。即使是零氧平衡炸药，如果反应不完全，也会产生较多的有害气体。

（3）装药外壳的影响。采用纸、石蜡防潮物、可燃性塑料等作为装药外壳时，部分

外壳材料会与爆轰产物发生作用而生成 CO，装药外壳实际上改变了原有炸药的氧平衡。

（4）爆轰产物与被爆介质的相互作用。例如，煤可以还原 CO_2 为 CO，爆破含硫矿石时，可生成 H_2S、SO_2 等有害气体。

2.3　炸药的热化学参数

炸药的热化学参数是衡量炸药爆炸做功能力和估计炸药爆炸破坏作用的重要指标，包括爆容、爆热、爆温和爆压。

2.3.1　爆容

单位质量炸药爆炸生成气体产物在标准状态下的体积称为爆容。通常以 1kg 为单位计算，单位为 L/kg。

炸药爆炸反应方程式确定后，按阿伏伽德罗定律可计算出炸药的爆容。

若炸药的通式 $C_aH_bN_cO_d$ 是按 1mol 写出的，其爆容计算式为

$$V_0 = \frac{22.4\sum n_i}{M} \times 1000 \tag{2-8}$$

式中，$\sum n_i$ ——气体产物的总摩尔数；

M——炸药的摩尔质量。

若炸药的通式按 1kg 写出，则爆容就等于反应方程中各种气体产物体积的和

$$V_0 = 22.4\sum n_i \tag{2-9}$$

如硝酸铵的摩尔质量 80g/mol，属于第一类炸药，爆炸反应方程为

$$NH_4NO_3 = 2H_2O + 0.5O_2 + N_2$$

爆炸生成气体产物的总摩尔数为

$$\sum n_i = 2 + 0.5 + 1.0 = 3.5$$

按式（2-8）计算，爆容为

$$V_0 = \frac{22.4 \times 3.5}{80} \times 1000 = 980 \ (L/kg)$$

由于气体产物是爆炸所释放热量转变为机械功的介质，故爆容是爆炸做功能力的一个标志。爆容越大，炸药做功能力越强。表 2-1 给出了部分炸药的爆容值。

表 2-1　部分炸药的爆容值

炸药名称	装药密度/（g/cm³）	爆容/（L/kg）
梯恩梯	1.5	740
黑索金	1.5	890
硝化甘油	1.6	690
硝酸铵	—	980
铵梯炸药（80∶20）	1.3	890
黑火药	—	280

2.3.2　爆热

单位质量炸药爆炸时所释放出的热量，称为爆热。通常以 1kg 或 1mol 炸药所放出的热量来表示，其单位为 J/kg 或 J/mol。

爆热是一个很重要的爆炸性能参数，它表示炸药对外做功的能力。炸药爆热越大，炸药对外做功的能力就越强。由于炸药的爆炸反应极为迅速，炸药的爆轰是在定容绝热压缩的条件下进行的，故称定容爆热 Q_v，而且炸药的定容热效应更能直接地反应炸药的能量性质。

炸药的爆热可以由实测确定，也可通过理论计算获得。表 2-2 列出了一些炸药的爆热实测值。

表 2-2　一些炸药的爆热

炸药名称	装药密度/（g/cm³）	爆热/（kJ/kg）
梯恩梯	1.5	4222
黑索金	1.5	5392
泰安	1.65	5685
特屈儿	1.55	4556
雷汞	3.77	1714
硝化甘油	1.6	6186
硝酸铵	—	1438
铵梯炸药（80∶20）	1.3	4138
铵梯炸药（40∶60）	1.55	4180

用理论方法计算炸药的爆热时要知道炸药的化学组成、爆炸反应方程式和必需的热化学数据，然后采用盖斯定律计算。

盖斯定律：化学反应的热效应只取决于反应的初态和终态，与反应进行的途径无关。由同一物质经不同途径得到同一产物时，则在这些途径中放出和吸收热量的总和是相等的。

利用盖斯定律计算炸药的爆热，如图 2-1 的盖斯三角所示。图中的 1、2、3 分别表示在标准状态下的元素、炸药和爆轰产物。从状态 1 到状态 3 有两条途径，一种途径首先由元素得到炸药，同时放出（或吸收）热量 Q_{1-2}，然后炸药爆炸并放出热量 Q_{2-3}（爆热）；另一种途径是由元素直接生成爆炸反应生成产物，同时放出热量 Q_{1-3}（爆炸产物的生成热）。

根据盖斯定律，爆热等于爆炸产物的生成热减去炸药本身的生成热，即

$$Q_{2-3} = Q_{1-3} - Q_{1-2} \tag{2-10}$$

式中，Q_{2-3}——炸药的爆热；

　　　Q_{1-2}——炸药的生成热；

　　　Q_{1-3}——爆轰产物的生成热。

生成热是指由元素生成 1kg 或 1mol 化合物放出或吸收的热量，生成热有两种表示方法，即定容生成热和定压生成热。反应过程在定容条件下的生成热称为定容生成热，反应在恒压条件下产生的生成热称为定压生成热，部分物质的生成热，如附表 A-1、附表 A-2 和附表 A-3 所示。炸药的爆热也相应分为定容爆热 Q_v 和定压爆热 Q_p。

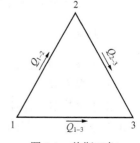

图 2-1　盖斯三角

1. 元素；2. 炸药；3. 爆轰产物

对于凝聚体炸药，定压爆热 Q_p 换算成定容爆热 Q_v 的计算式为

$$Q_v=Q_p+nRT \tag{2-11}$$

式中，n——气体爆炸产物的量，mol；

　　　R——理想气体常数；

　　　T——爆温，K。

如求梯恩梯的爆热，先确定近似爆炸反应式

$$C_6H_2(NO_2)_3CH_3 \longrightarrow 2.5H_2O+3.5CO+3.5C+1.5N_2+Q_v$$

产物生成热为

　　　　H_2O　2.5×240.7=601.75（kJ/mol）

　　　　CO　3.5×113.76=398.16（kJ/mol）

爆轰产物总生成热为

$$Q_{1-3}=601.75+398.16=999.91（kJ/mol）$$

查附表 A-2 得梯恩梯的生成热为 Q_{1-2}=56.52（kJ/mol），所以梯恩梯的爆热为

$$Q_v=999.91-56.52=943.39（kJ/mol）$$

或

$$Q_v=1000×943.39/227=4155.90（kJ/kg）$$

炸药的爆热受以下因素影响：

（1）炸药的氧平衡。工业用混合炸药应尽量配成零氧平衡炸药，其爆热最高。

（2）装药密度。随着炸药密度增大，爆轰压力也会增大，这使爆炸瞬间的二次可逆反应向着减小体积和增大放热的方向进行，这对负氧平衡炸药的影响较为明显。二次反应包括

$$2CO \rightleftharpoons CO_2+C+41.2kcal^{①}$$

$$CO+H_2 \rightleftharpoons H_2O+C+31.4kcal$$

装药密度增加使爆轰压力增高后，上述两个二次反应的平衡向右侧移动，而使气体产物体积减小，爆热增加。但对于零氧平衡和正氧平衡炸药，其爆轰产物 CO_2 和 H_2O 的解离速度较小，因而对爆热影响不明显。

（3）附加物。在炸药中加入铝粉、镁粉等金属粉末时，反应生成金属氧化物和氮化物的过程都是剧烈的放热过程，从而增加爆热。

（4）装药外壳。增加外壳强度或重量，能阻止气体产物的膨胀，提高爆压，从而提高爆热。例如，梯恩梯压装在黄铜壳中的爆轰所放出的热量比装在薄玻璃壳中爆轰时高 25%。

（5）化学反应的完全程度。炸药反应越完全，放热越充分，爆热越高。

2.3.3　爆温

炸药爆炸所放出的热量将爆炸产物加热到的最高温度，称为爆温。单位为摄氏度℃或热力学温度 K。

由于爆炸过程迅速，爆温高而且随时间变化极快，加上爆炸的破坏性，爆温的实验测定难度极大。炸药的爆温可用光谱法测定，方法是测定爆炸瞬间产物的色温，利用光

---

① 1cal=4.1868J。

谱图研究光谱中能量的分配，通过比较爆炸产物的光谱与绝对黑体光谱中能量分配关系而得到爆温数据。表 2-3 为几种炸药的爆温实测值。

表 2-3　几种炸药的实测爆温

炸药名称	硝化甘油	黑索金	泰安	特屈儿	梯恩梯
装药密度/（g/cm³）	1.60	1.70	1.77	—	—
爆温/K	4000	3700	4200	3700	3010

鉴于爆温实验测定的困难，目前主要是从理论上计算炸药的爆温，常用卡斯特法，即利用爆热和爆炸产物的平均热容来计算爆温。为使计算简化，采用以下假定：

（1）爆炸过程视为定容、绝热过程，爆炸反应放出的能量全部用来加热爆轰产物。

（2）爆轰产物的热容只是温度的函数，而与爆炸时所处的压力等其他条件无关。

根据上述假定，将炸药爆热和爆温的关系表示为

$$Q_v = \bar{C}_v T \tag{2-12}$$

式中，Q_v——爆热；

$\bar{C}_v$——所有爆轰产物的平均热容；

T——爆温。

近似计算认为所有爆炸产物平均热容与温度之间为线性关系，即

$$\bar{C}_v = \sum n_i(a_i + b_i T) = \sum n_i a_i + \sum n_i b_i T \tag{2-13}$$

式中，$\bar{C}_v$——爆轰产物的平均热容；

a_i、b_i——第 i 种爆轰产物的系数，见表 2-4；

n_i——第 i 种爆轰产物的摩尔数。

令

$$A = \sum n_i a_i, \quad B = \sum n_i b_i$$

则有

$$\bar{C}_v = A + BT \tag{2-14}$$

由式（2-12）和式（2-14）得到

$$Q_v = (A + BT)T \tag{2-15}$$

所以求解方程（2-15），得到爆温的计算公式为

$$T = \frac{-A + \sqrt{A^2 + 4BQ_v}}{2B} \tag{2-16}$$

表 2-4　爆轰产物的 a_i、b_i 值

爆轰产物	a_i	$b_i \times 10^{-3}$	爆轰产物	a_i	$b_i \times 10^{-3}$
双原子气体	20.1	1.88	水蒸气	16.7	9.0
三原子气体	41.0	2.43	Al_2O_3	99.9	28.18
四原子气体	41.8	1.88	NaCl	118.5	0.0
五原子气体	50.2	1.88	C	25.1	0.0

爆温是炸药的一个重要参数，它取决于爆热和爆炸产物组成。提高爆温的途径有：

（1）提高产物的生成热。

（2）降低炸药的生成热。

（3）降低爆炸产物的热容量。

在某些情况下希望炸药的爆温高些，以获得较大的威力，这时可以通过调整氧平衡，使爆炸产生大量的 CO_2 和 H_2O 等生成热较大的产物，或加入某些高热值的金属粉末等。但是，在提高热量的同时必须考虑减小产物的热容量。

降低爆温的途径和提高爆温的途径正好相反，可以在炸药中加入附加物来改变氧与可燃元素的比例，使之产生不完全的氧化产物从而减少爆炸产物的生成热。或者加入不参与反应的附加物，以增加产物的总热容量。在煤矿许用炸药中，常用加入消焰剂（如氯化钠）的办法来降低爆温，以防过高爆温引起瓦斯、煤尘爆炸。

2.3.4　爆压

爆炸产物在爆炸反应完成瞬间所达到的压力称为爆压，单位为 MPa。它实质上是假定爆炸反应为绝热等容过程，爆炸产物在炸药原体积内达到热和化学平衡后的流体静压值。

爆压一般通过阿贝尔状态方程计算，即

$$p = \frac{nRT}{v - \alpha} = \frac{n\rho}{1 - \alpha\rho}RT \tag{2-17}$$

式中，α——气体分子的余容，是炸药密度的函数；

　　　ρ——炸药密度；

　　　v——比容，$v = 1/\rho$；

　　　T——爆温。

爆压也可通过测压弹实验测定。

2.4　炸药的起爆与感度

2.4.1　起爆能

炸药是一种相对稳定的物质，在没有受到外界作用时不产生爆炸反应，只有受到外界足够能量的作用时才爆炸。

起爆——炸药受到外界作用发生爆炸的过程称为起爆。

起爆能——引爆炸药所需要的能量，称为起爆能。

感度——炸药在外界作用下发生爆炸的难易程度称为感度。

感度是衡量炸药稳定性的重要标志。引爆需要的能量越小，则表明炸药越敏感，反之则较为钝感。根据化学动力学观点，在通常情况下，炸药分子的平均能量不足以引起炸药的爆炸反应，只有炸药分子的能量提高到使分子进一步活化时，才能发生爆炸反应。使炸药分子从稳定状态变成活化分子所需要的能量，称为炸药的活化能。

起爆能和活化能是两个不同的概念。后者取决于炸药的分子结构与化学性质，而前者不仅取决于炸药的化学性质，还与炸药的物理性质、起爆能的形式有关。

通常，引起炸药发生爆炸的起爆能有以下形式：

（1）热能。利用加热作用使炸药起爆，如直接加热、火焰或电线灼热起爆等。

（2）机械能。通过撞击、摩擦、针刺等机械作用使炸药分子间产生强烈的相对运动，并在瞬间产生热效应，使炸药起爆。

（3）爆炸冲能。利用爆轰波以及冲击波的冲击作用使炸药起爆。

（4）电能。利用静电作用、高压火花放电以及高强度电磁辐射和高能粒子辐射能等引爆炸药。

2.4.2　炸药的起爆机理

根据活化能理论，化学反应只是在具有活化能量的活化分子相接触和碰撞时才发生。因此为使炸药起爆，就必须有足够的外能使部分炸药分子变成活化分子，活化分子的数量越多，其能量与分子平均能量相比越大，爆炸反应速度越快。

1. 热爆炸理论

谢苗诺夫研究了爆炸性混合气体的热爆炸理论，其后富兰卡-卡曼尼兹等人进一步研究发展了该理论，并将它成功地应用于凝聚体炸药。

该理论的基本要点是在一定的温度、压力和其他条件下，如果一个体系内的炸药反应放出的热量大于热传导所散失的热量，就能使该体系发生热积聚，从而使反应自动加速而导致爆炸。也就是说，爆炸是系统内部温度渐增的结果。

根据这个观点，确定炸药发生热爆炸的条件之一是放热量大于散热量，即

$$Q_1 > Q_2 \tag{2-18}$$

式中，Q_1——单位时间内炸药反应放出的热量；

Q_2——单位时间内炸药散失到周围环境中的热量。

热能起爆的第二个条件是炸药热分解反应放热速度必须大于环境介质的散热速度，即

$$\frac{dQ_1}{dT} > \frac{dQ_2}{dT} \tag{2-19}$$

2. 热点起爆理论

在机械作用下，炸药发生爆炸的机理非常复杂，目前比较公认的是热点起爆理论。热点起爆理论认为，当炸药受到撞击、摩擦等机械能的作用时，并非受作用的各个部分都被加热到相同的温度，只是其中的某一部分或几个极小的部分首先被加热到炸药的爆发温度，促使局部炸药首先起爆，然后迅速地传播至全部。这种温度很高的微小区域，通常被称为热点，也称灼热核。对于单质炸药或者含单质炸药的混合药来说，其热点通常在晶体的棱角处形成。而对于含水炸药（乳化炸药、浆状炸药等）来说，一般是在微小气泡处形成热点。这两种形成热点的原因是不同的。

（1）绝热压缩炸药内所含的微小气泡，形成热点。当炸药内部含有微小气泡时，在机械能的作用下，被绝热压缩，此时机械能转变为热能，使温度急剧上升，在气泡周围形成热点，并引起周围反应物质的剧烈燃烧或爆炸。

（2）炸药受机械作用，颗粒间产生摩擦，形成热点。在机械能作用下，炸药质点之

间或炸药与掺合物之间发生相对运动而产生的相互摩擦，也可使炸药某些微小区域首先达到爆炸温度，形成热点。

此外，由于液态炸药（塑性炸药或低熔点炸药）高速黏性流动，也可形成热点。

研究表明，热点产生以后，炸药必须具备一定的条件才能爆炸。在这里热点的大小、温度和作用时间是最为重要的。研究表明，热点必须满足下列条件：

（1）热点的尺寸应尽可能地细小，直径一般为 $10^{-5} \sim 10^{-3}$ cm。

（2）热点的温度应为 300～600℃。

（3）热点的作用时间在 10^{-7} s 以上。

研究表明，从热点的形成到炸药的稳定爆轰要经历以下几个阶段：

（1）热点的形成阶段。

（2）热点向周围速燃扩展阶段。

（3）由速燃转变为低速爆轰阶段。

（4）稳定爆轰阶段。

3. 爆炸冲能起爆理论

均相炸药（即不含气泡、杂质的液体或晶体炸药）和非均相炸药的爆炸冲击能起爆机理是不同的。

爆炸产生的冲击波进入均相炸药（如四硝基甲烷）后，经过一定的延迟，便开始在其表面形成爆轰波。这个爆轰波是在强冲击波通过后已被冲击压缩的炸药中产生的，此时爆轰波的传播速度比正常的稳定爆速大得多。虽然它开始是跟随于强冲击波的后面，但经一定的距离后，它会赶上冲击波阵面，其爆速突然降低到略高于稳定的值，往后慢慢地达到稳定爆速。一般地说，均相炸药的爆炸冲击能起爆，取决于临界起爆压力值（P_K）。不同炸药的临界起爆压力值是不相同的。

非均相炸药的爆炸冲击能起爆炸药反应是从局部热点处扩展开的，而不像均相炸药反应那样能量均匀分配给整个起爆面上，这样非均相炸药所需的临界起爆压力 P_K 值要比均相炸药小。实际上，非均相炸药的冲击能起爆是可以用热点理论进行解释的。

2.4.3　热感度

炸药在热能作用下发生爆炸的难易程度称为炸药热感度，通常以爆发点和火焰感度等来表示。

1. 炸药的爆发点

炸药的爆发点系指炸药分解自行加速开始时的环境温度。从炸药的分解开始自行加速到爆炸所经历的时间称为爆发延滞期。

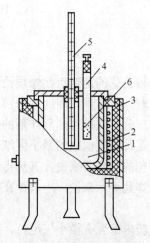

图 2-2　爆发点测定器

1. 合金浴锅；2. 电阻丝；3. 隔热层；
4. 铜管；5. 温度计；6. 炸药

通常采用爆发点测定器来测定炸药的爆发点。测定器的主要结构是低熔点伍德合金浴锅，如图 2-2 所示。在锅内装上温度计（带有保护罩），浴锅用电阻丝进行加热，并在夹套间装有隔热层以防止热损失。

测定时，称取一定量（炸药取 0.05g，起爆药取 0.01g）的试样放入铜管中，并轻轻塞上小铜塞，待低熔点合金浴锅加热到将近爆发点时，将已准备好的铜管插入合金浴锅中（深度要超过管体 2/3），以秒表计时，如在此温度下不爆炸，或超过 5min 才爆炸，则需升高温度；如果早于 5min 爆炸，则需降低温度。如此反复几次，即可测出被试炸药的爆发点。表 2-5 列出了一些炸药的爆发点。

表 2-5　几种炸药的爆发点

炸药名称	爆发点/℃	炸药名称	爆发点/℃
EL 系列乳化炸药	330	雷汞	175~180
2 号岩石铵梯炸药	186~230	氮化铅	300~340
3 号露天铵梯炸药	171~179	黑索金	230
2 号煤矿铵梯炸药	180~188	特屈儿	195~200
3 号煤矿铵梯炸药	184~189	硝化甘油	200
硝酸铵	300	梯恩梯	290~295
黑火药	290~310	二硝基重氮酚	150~151

2. 火焰感度

炸药在明火（火焰、火星）作用下，发生爆炸的难易程度称为炸药的火焰感度。实践表明，在非密闭状态下，黑火药与猛炸药用火焰点燃时通常只能发生不同程度的燃烧变化，而起爆药却往往表现为爆炸。

图 2-3 所示的装置一般用来测量炸药的火焰感度。其操作步骤是：准确称取 0.05g 试样，装入火帽壳内，变更插导火索的上下盘之间的距离，以测定 100%发火的最大距离（上限距离）和 100%不发火的最小距离（下限距离）。一般以六次平行实验结果为准。由于导火索的喷火强度随其药芯的粒度、密度等不同而变化，所以实验结果通常只能作为相对比较之用。

由上述可知，一个炸药的上限距离越大，其火焰感度愈大；下限距离愈小，其火焰感度愈小。一般地说，上限距离可用来比较起爆药发火的难易程度，下限距离则往往作为判定炸药对火焰安全性的依据。

2.4.4　机械感度

机械感度是指炸药在机械作用下发生爆炸的难易程度，是炸药最重要的感度指标之一，包括撞击感度和摩擦感度。

1. 撞击感度

炸药撞击感度的试验常用立式落锤仪（图 2-4）和弧形落锤仪（图 2-5），测定时将炸药试样置于撞击器内上下两击柱之间，常用的表示方法有三种：

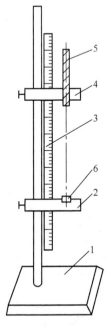

图 2-3　火焰感度测定装置

1. 铁座；2. 下盘；3. 表尺；
4. 上盘；5. 导火索；
6. 火帽壳

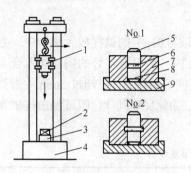
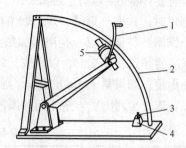

图 2-4 立式落锤仪

1. 落锤；2. 撞击器；3. 钢砧；4. 基础；5. 上击柱；
6. 炸药；7. 导向套；8. 下击柱；9. 底座

图 2-5 弧形落锤仪

1. 手柄；2. 有刻度的弧架；3. 击柱；
4. 击柱和火帽定位器；5. 落锤

（1）爆炸百分数。落高 25cm，锤重 10kg，撞击 25～50 次，求出其爆炸百分率。当爆炸百分率为 100% 时，改用 5kg 或 2kg 重锤重新试验。

（2）上下限法。上限：百分之百爆炸的最低落高；下限：百分之百不爆炸的最高落高。

（3）50% 爆炸特性高度。即用爆炸百分率为 50% 的那一点的高度来表示。

撞击感度曲线如图 2-6 所示，部分炸药和起爆药的撞击感度见表 2-6 和表 2-7。

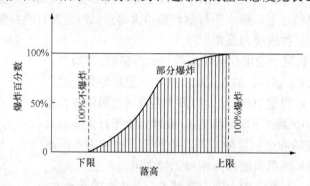

图 2-6 撞击感度曲线

表 2-6 标准条件下一些炸药的撞击感度

炸药名称	爆炸百分数/%	备注	炸药名称	爆炸百分数/%	备注
梯恩梯	4～8	—	岩石膨化硝铵炸药	0～6	—
泰安	100	—	2 号煤矿许用膨化硝铵炸药	0～6	—
黑索金	75～80	—	岩石粉状乳化炸药	0～6	—
特屈儿	50～60	—	煤矿许用粉状乳化炸药	0	含一、二、三级
苦味酸	24～32	—	岩石乳化炸药	0～2	—
2 号岩石铵梯炸药	4～40	—	煤矿许用乳化炸药	0	含一、二、三级

注：乳化炸药试验条件为：药量 0.05g，落锤锤重 10kg，落锤高度 50cm。

表 2-7　几种起爆药的撞击感度

起爆药名称	锤重/g	上限距离/mm	下限距离/mm
雷汞	480	80	55
氮化铅	975	235	65～70
二硝基重氮酚	500	—	225

2. 摩擦感度

炸药的摩擦感度通常采用摆式摩擦仪来测定（图 2-7），将炸药限制在两光滑硬表面之间，在恒定的挤压压力下炸药经受滑动摩擦作用，用其爆炸概率表征试样的摩擦感度。试验方法是：先对夹在上、下柱块之间的炸药试样施加静压，然后用摆锤向击杆施加一定的水平打击力，使上、下两柱块间发生水平移动以摩擦炸药试样，观察爆炸的百分率。试验药量为 0.02g，摆锤重 1500g，摆锤摆角 90°，平行试验 25 次。摩擦感度表示方法与撞击感度类似，表 2-8 和表 2-9 是一些猛炸药和起爆药的摩擦感度。

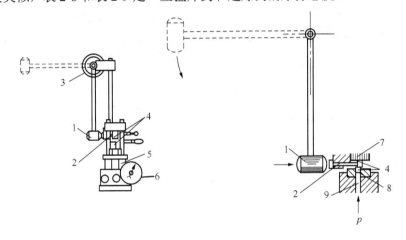

图 2-7　摆式摩擦仪

1. 摆锤；2. 击杆；3. 角度标盘；4. 测定装置（上下柱块）；5. 油压机；
6. 压力表；7. 顶板；8. 导向套；9. 柱塞

表 2-8　一些炸药的摩擦感度

炸药名称	摩擦感度/%	炸药名称	摩擦感度/%
梯恩梯	0	1 号煤矿炸药	28
特屈儿	24	4 号高威力硝铵炸药	32
黑索金	48～52	铵铝高威力炸药	40
泰安	92～96	—	—

表 2-9　一些起爆药的摩擦感度

起爆药名称	锤重/g	上限距离/mm	下限距离/mm
雷汞	480	80	55
氮化铅	975	235	65～70
二硝基重氮酚	500	—	225

2.4.5　爆轰感度

炸药在起爆冲能作用下发生爆炸的难易程度，称为爆轰感度，或起爆感度。通常用极限起爆药量来表示。

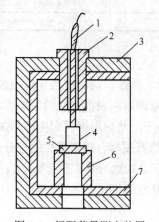

图 2-8　极限药量测定装置

1. 导火索；2. 套管；3. 防护罩；4. 雷管；
5. 铅板；6. 支撑筒；7. 铅护板

极限起爆药量是指在规定的试验条件下，使一定量的猛炸药完全爆轰所需要的最小起爆药量。所需的起爆药量越少，说明所测猛炸药的爆轰感度越高。

测定极限起爆药量的试验条件及方法是：把 1g 受试炸药以 50MPa 的压力压入 8 号铜雷管壳内，然后再装进一定量的起爆药，扣上加强帽，用 30MPa 的压力压实，并插入导火索，将装好的雷管垂直放在 ϕ40mm×4mm 的铅板上并引爆雷管。如果爆炸后铅板被击穿且孔径大于雷管外径，则表示猛炸药完全爆轰，否则说明猛炸药没有完全爆轰。改变起爆药量反复试验，即可确定使猛炸药试样完全爆轰所需要的极限起爆药量。试验装置如图 2-8 所示。

用上述方法测定几种猛炸药的极限起爆药量列在表 2-10 中。

表 2-10　几种猛炸药的极限起爆药量

受试猛炸药名称	极限起爆药量/g		
	雷汞	氮化铅	二硝基重氮酚
梯恩梯	0.24	0.16	0.63
特屈尔	0.19	0.10	0.17
黑索金	0.19	0.05	0.13

2.4.6　冲击波感度和殉爆

炸药在冲击波作用下发生爆炸的难易程度称为冲击波感度。冲击波感度与炸药的安全性及工程应用的可靠性紧密联系，是炸药的重要性能指标之一。

测定冲击波感度的方法主要有三种：隔板试验、楔形试验和殉爆距离试验。工业炸药使用较多的是殉爆距离试验。

某处炸药爆炸时，引起相隔一定距离处的另一炸药爆炸的现象称为殉爆（图 2-9）。首先爆炸的炸药称为主动装药，被诱导爆炸的炸药称为被动装药。对主动装药而言，殉爆距离反映了炸药爆炸的冲击波强度。对被动装药而言，殉爆距离反映了炸药对冲击波的感度。主动装药爆轰时能使被动装药 100%殉爆的最大距离称为殉爆距离，主动装药爆轰时使被动装药 100%不发生殉爆的最小距离称为殉爆安全距离。

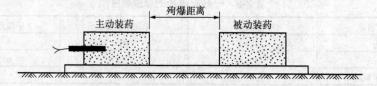

图 2-9　炸药殉爆示意图

通常采用空气中的殉爆距离来表示工业炸药的殉爆指标，试验中主、被动装药一般均采用ϕ32mm、重 200g 的炸药，殉爆距离以 cm 为单位。

2.4.7　静电感度

炸药在静电火花作用下发生爆炸的难易程度称为炸药的静电感度。

炸药的静电感度包括两个方面：一是炸药摩擦时产生静电的难易程度；二是在静电火花作用下炸药发生爆炸的难易程度。

高电压静电放电产生电火花时，形成高温、高压的离子流，并集中大量能量，类似于爆炸，这种现象也能在炸药中激发冲击波。因此，炸药在静电火花作用下发生的爆炸，既与热作用有关，也与冲击波的作用有关。

静电感度可用引燃或引爆炸药所需的最小放电能量表示，或在固定放电量条件下用引燃或引爆炸药的百分数来表示。

2.5　炸药的爆炸性能

炸药爆炸时形成的爆轰波和高温、高压的爆轰产物，对周围介质产生强烈的冲击和压缩作用，称为爆炸作用。炸药的爆炸作用可分为爆炸的冲击波、应力波产生的动态冲击作用和爆生气体膨胀产生的准静态作用。在工程爆破中，决定爆炸作用的炸药爆炸性能参数有炸药的密度、爆速、猛度、爆力。

2.5.1　炸药的密度

通常所说的密度是指炸药的成品密度或装药密度。密度是单位体积内物质量（能量），直接反映炸药单位体积内的爆炸能量，而且炸药的爆速和爆压也与炸药的密度密切相关。

$$E = \rho Q_v \tag{2-20}$$

$$p = \frac{1}{4}\rho D^2 \tag{2-21}$$

式中，E——单位体积内炸药的能量；

Q_v——炸药的爆热；

ρ——炸药的密度；

p——耦合装药时炮孔内的爆炸压力；

D——炸药的爆速。

2.5.2　爆速

爆轰波在炸药中的传播速度称为爆轰速度，简称为爆速。爆速反映的是单位时间内参与反应的炸药量的多少，即能量的释放率。

炸药爆速主要取决于炸药密度、爆轰产物组成和爆热，还受装药直径、装药密度和粒度、装药外壳、起爆冲能及传爆条件等影响。

1. 装药直径

对于圆柱形装药，炸药爆轰时，冲击波沿装药轴向传播，在冲击波波阵面的高压下，必然产生侧向膨胀，这种侧向膨胀以膨胀波的形式由边缘向轴心传播，膨胀波在介质中的传播速度为介质的声速。爆轰产物所产生的侧向膨胀，如图 2-10 所示。

由于爆轰产物的侧向膨胀，将厚度为 a 的反应区 $ABBA$ 分为两个部分：稀疏波干扰区 ABC 和未干扰区 $ACCA$，干扰区的爆轰产物及未反应完的炸药的能量不能支持冲击波的传播，而能起支持冲击波作用的只是未干扰区的部分能量。

理论和实验表明：当装药直径增大到一定值后，爆速可达到理想爆速 D_H。通常把接近理想爆速的装药直径 d_L 称为极限直径，此时爆速不随装药直径的增大而变化。当装药直径小于极限直径时，爆速将随装药直径减小而减小。当装药直径小到一定值后便不能维持炸药的稳定爆轰，能维持炸药稳定爆轰的最小装药直径称为炸药的临界直径 d_K。炸药在临界直径时的爆速称为炸药的临界爆速，爆速 D 与装药包直径 d_c 的关系如图 2-11 所示。

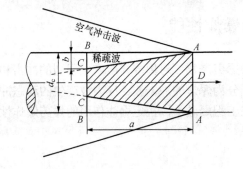
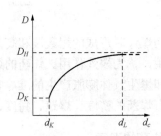

图 2-10　爆轰产物的侧向膨胀　　　　图 2-11　爆速与装药包直径的关系

2. 装药密度

当炸药密度增大时，爆轰压力增大，化学反应速度加快，同时也使化学反应向体积减小和增大放热的方向变化，因而爆热增大，爆速提高，且化学反应加快，反应区相对变窄，炸药的临界直径和极限直径都相对减小，爆速也相对增大。

对单质炸药，在达到结晶密度之前，爆速随密度增大而增大[图 2-12(a)]；而混合炸药由于爆炸反应机理不同，炸药中各组分或其分解产物之间的相互渗透和扩散对化学反应速度有很大影响。当密度过大之后，渗透与扩散困难，造成反应速度降低，临界直径和极限直径反而增大，爆速也随之降低。所以对混合炸药，随着密度增大，有着最佳密度值，此时爆速最大，超过最佳密度后，再继续增大炸药密度，爆速反而下降[图 2-12(b)]。当爆速下降到临界爆速，或临界直径增大到药柱直径时，爆轰波就不能稳定传播，最终导致熄爆。

3. 炸药粒度

对同一种炸药，当粒度不同时，化学反应的速度不同，其临界直径、极限直径和爆速也不同。但粒度的变化并不影响炸药的理想爆速。一般情况下，炸药粒度越细，临界直径和极限直径减小，爆速增高。

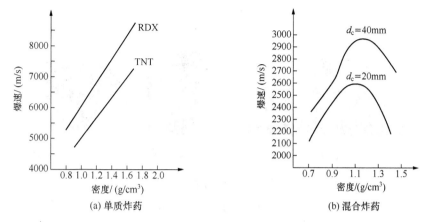

(a) 单质炸药　　　　　　　　(b) 混合炸药

图 2-12　炸药爆速与密度的关系

混合炸药中不同成分的粒度对临界直径的影响是不同的。敏感成分的粒度越细，临界直径越小，爆速越高，而相对钝感成分的粒度越细，临界直径增大，爆速相应减小，但粒度细到一定程度后，临界直径又随粒度减小而减小，爆速相应增大。

4. 装药外壳

装药外壳可以限制炸药爆轰时反应区爆轰产物的侧向飞散，减小炸药的临界直径，因而影响爆速。对混合炸药，有外壳比没有外壳时爆速要高，其影响程度取决于外壳的质量和密度。例如，硝酸铵的临界直径在玻璃外壳时为 100mm，而采用 7mm 厚的钢管时仅为 20mm。装药外壳不会影响炸药的理想爆速，所以当装药直径较大，爆速已接近理想爆速时，外壳作用不大。

5. 起爆冲能

起爆冲能不会影响炸药的理想爆速，但要使炸药达到稳定爆轰，必须供给炸药足够的起爆能，且激发冲击波速度必须大于炸药的临界爆速。

2.5.3　猛度

炸药的猛度反映了炸药爆炸时冲击波、应力波和高压爆轰产物的冲击作用对周围介质的破坏程度，是衡量炸药爆炸特性及爆炸作用的重要指标。

炸药爆炸的冲击破坏能力，取决于爆轰压力大小及其作用时间，因此可用爆轰压力和冲量来表示。炸药的爆速越快，密度越大，爆轰压力也越高，炸药的猛度也越大。工业炸药的猛度常采用铅柱压缩值表示，有时用猛度摆法测定。

铅柱压缩法试验装置如图 2-13 所示。铅柱高 60mm，直径 40mm，放置在钢砧上。在铅柱上放置一块厚 10mm、直径 41mm 的钢片，其作用是使炸药能量均匀地传给铅柱。取受试炸药 50g，装入直径 40mm 的纸壳内，装药密度为 1.0g/cm³，最后插入 8 号雷管引爆，雷管插入深度 15mm。

炸药爆炸后，铅柱被压缩成蘑菇状，一般用压缩前后铅柱的高差来表示炸药的猛度，单位为 mm。一般炸药性能指标中的猛度值就是指铅柱压缩量。

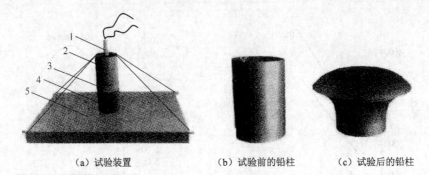

（a）试验装置　　　　　（b）试验前的铅柱　　　　（c）试验后的铅柱

图 2-13　炸药猛度试验

1. 雷管；2. 药柱；3. 圆钢片；4. 铅柱；5. 钢底座

2.5.4　爆力

炸药爆炸对周围介质所做机械功的总和，称为炸药的爆力。它反映了爆生气体膨胀做功的能力，是衡量炸药爆炸作用的重要指标。通常以爆炸产物作绝热膨胀直到其温度降至炸药爆炸前的温度时其对周围介质所做的功来表示，如图 2-14 所示。

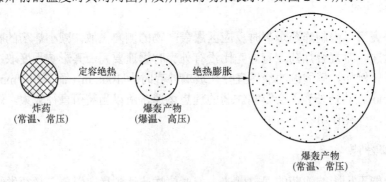

图 2-14　炸药爆炸做功示意图

根据热力学第一定律，系统内能的减少等于系统放出的热量与系统对外做功之和，即

$$-\mathrm{d}U = \mathrm{d}Q + \mathrm{d}A \tag{2-22}$$

式中，U——系统的内能；

$\quad\quad Q$——系统对外放出的热能；

$\quad\quad A$——系统对外做的功。

由于假定爆生气体是绝热膨胀，所以 $\mathrm{d}Q=0$，有

$$-\mathrm{d}U = \mathrm{d}A \tag{2-23}$$

对温度变量进行积分，则得

$$A = \int -\mathrm{d}U = \int_{T_1}^{T_2} -C_v \mathrm{d}T = C_v(T_1 - T_2) \tag{2-24}$$

式中，T_1、T_2——分别为爆轰产物的初始温度和膨胀做功后的温度，相对温度下一般取 $T_2=15℃$；

C_v——爆轰产物的平均热容。

若假设爆生气体为理想气体，引入爆热表达式 $Q_v=C_vT_1$，将式（2-24）变化为

$$A = \int_{T_1}^{T_2} -\mathrm{d}U = \int_{T_1}^{T_2} -C_v\mathrm{d}T = C_v(T_1-T_2) = Q_v\left(1-\frac{T_2}{T_1}\right) = \eta Q_v \qquad (2\text{-}25)$$

式中，η——称为热效率或做功效率，$\eta = 1 - T_2/T_1$。

引入气体等熵绝热状态方程 $pV^K=$常数，有

$$\frac{T_2}{T_1} = \left(\frac{V_1}{V_2}\right)^{K-1} = \left(\frac{p_2}{p_1}\right)^{\frac{K-1}{K}} \qquad (2\text{-}26)$$

式中，K——爆生气体绝热指数，$K = 1 + \dfrac{nR}{C_v}$；

V_1、p_1——分别为爆炸产物的初始比容和压力；

V_2、p_2——分别为爆炸产物膨胀后的比容和压力。

将式（2-26）代入式（2-25），有

$$A = Q_v\left[1-\left(\frac{V_1}{V_2}\right)^{K-1}\right] = Q_v\left[1-\left(\frac{p_2}{p_1}\right)^{\frac{K-1}{K}}\right] \qquad (2\text{-}27)$$

式（2-27）表明，炸药的做功能力正比于爆热，且和炸药的爆容有关，爆容越大，热效率越高。由于爆炸产物的组成对爆容和绝热指数 K 都有影响，从而影响炸药的做功能力。

炸药的爆力是表示炸药爆炸做功的一个指标，它表示炸药爆炸所产生的冲击波和爆轰气体作用于介质内部，对介质产生压缩、破坏和抛移的做功能力。爆力的大小取决于炸药的爆热、爆温和爆炸生成气体体积。炸药的爆热、爆温愈高，生成气体体积愈多，则爆力就愈大。

炸药爆力试验测定方法有铅垮法、弹道臼炮法和抛掷爆破漏斗法。其中抛掷爆破漏斗法常用于工程爆破现场两种炸药的相对威力比较。

铅垮法又称特劳次法，如图2-15所示。试验采用的铅为 99.99%的纯铅铸成的圆柱体，直径200mm，高200mm，重70kg，沿轴心有 ϕ 25mm、深125mm 的圆孔，将受试炸药 10g 装在 ϕ 24mm 的锡箔纸圆筒中且插入雷管，放进铅垮的轴心孔中，然后用 144 孔/cm^2 过筛的石英砂将孔填满，以防止爆轰产物的飞散。

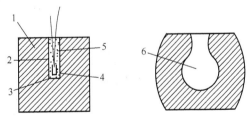

图 2-15　铅垮试验

1. 铅垮；2. 孔眼；3. 炸药；4. 雷管；
5. 石英砂；6. 铅垮被爆后的形状

炸药爆炸后，铅垮中心的圆柱孔扩大为梨形孔，清除孔内残渣，注水测量扩孔后的容积。扩孔后的容积减去雷管扩孔容积（8号雷管的扩孔爆力值为28.5mL）作为炸药的爆力值，单位为 mL，它是反映炸药做功能力的相对指标。

2.6　炸药的爆轰

　　爆轰是炸药爆炸的一种最充分的形式，从19世纪末期以来建立的以流体动力学为基础的爆轰理论阐明了爆轰传播的规律和实质，正确地解释了炸药的爆轰过程，包括爆轰机理、稳定条件等，导出了爆轰传播的基本理论公式，计算出了各种爆轰参数，如爆速、爆轰压力等。

2.6.1　冲击波

　　冲击波是一种以超声速传播的、强烈的压缩波，波阵面通过前后介质的参数发生了突跃变化。理论上这种介质状态参数突跃变化是不连续的[图 2-16(a)]，但实际上在波阵面上仍然存在着连续变化的过渡区[图 2-16(b)]，只不过这个过渡区很小，其长度与分子自由程的距离差不多，在空气中约为 10^{-6}cm。

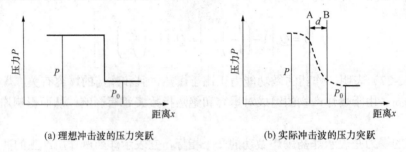

(a) 理想冲击波的压力突跃　　　　　　　　(b) 实际冲击波的压力突跃

图 2-16　冲击波波阵面的结构

　　如图 2-17（a）所示，设有一正冲击波以波速 D 向右传播，波前的介质参量为 E_0、P_0、ρ_0、T_0 和 u_0，而波后的参量则用 E、P、ρ、T 和 u 表示。

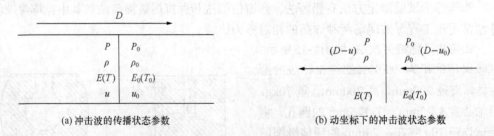

(a) 冲击波的传播状态参数　　　　　　　　(b) 动坐标下的冲击波状态参数

图 2-17　冲击波的状态参数

　　为推导公式方便，将坐标系建在波阵面上，则坐标系与冲击波波阵面具有同样的速度 D，相对于这个动坐标系，波阵面是不动的，而未扰动介质以（$D-u_0$）的速度向左流过波阵面，以（$D-u$）的速度从波阵面后流出，如图 2-17（b）所示。根据质量守恒定律，在波稳定传播的条件下，在 dt 时间内从波阵面右侧流入的介质量等于从左侧流出的量（面积单位取 1，下同），由此可得到

$$\rho_0(D-u_0) = \rho(D-u) \tag{2-28}$$

此即质量守恒方程或称为连续性方程，在 $u_0=0$ 条件下，上式可简化为

$$\rho_0 D = \rho(D-u) \tag{2-29}$$

按照动量守恒定律，冲击波传播过程中，作用于介质的冲量等于其动量的增量。其中 $\mathrm{d}t$ 时间内作用的冲量为

$$(P-P_0)\mathrm{d}t$$

而介质动量的变化为

$$\rho(D-u)^2\mathrm{d}t - \rho_0(D-u_0)^2\mathrm{d}t$$

所以有

$$P-P_0 = \rho(D-u)^2 - \rho_0(D-u_0)^2$$

将式（2-29）代入上式，整理得

$$P-P_0 = \rho(D-u_0)(u-u_0) \tag{2-30}$$

在 $u_0=0$ 条件下，上式可简化为

$$P-P_0 = \rho D u \tag{2-31}$$

由于冲击波的传播过程是绝热的，若忽略其他能量损耗，根据能量守恒定律，从波阵面左侧流入的能量应等于从波阵面右侧流出的能量。

在 $\mathrm{d}t$ 时间内从右侧流入波阵面的能量有：

（1）介质所具有的内能

$$mE_0 = \rho_0(D-u_0)E_0\mathrm{d}t$$

（2）流入介质的压力位能

$$P_0 v = P_0(D-u_0)\mathrm{d}t$$

（3）介质流动的动能

$$\frac{1}{2}mu^2 = \frac{1}{2}\rho_0(D-u_0)\mathrm{d}t(D-u_0)^2$$

同理，在 $\mathrm{d}t$ 时间内从波阵面左侧流出的能量有：

（1）介质所具有的内能

$$mE = \rho(D-u)E\mathrm{d}t$$

（2）流入介质的压力位能

$$Pv = P(D-u)\mathrm{d}t$$

（3）介质流动的动能

$$\frac{1}{2}mu^2 = \frac{1}{2}\rho(D-u)\mathrm{d}t(D-u)^2$$

这样，能量守恒方程为

$$\rho(D-u)E + \rho(D-u) + \frac{1}{2}\rho(D-u)(D-u)^2$$
$$= \rho_0(D-u_0)E_0 + \rho_0(D-u_0) + \frac{1}{2}\rho_0(D-u_0)(D-u_0)^2$$

运用式（2-28），并整理得

$$\left(E-E_0\right)+\frac{1}{2}\left(u^2-u_0^2\right)=\frac{Pu-P_0u_0}{\rho_0(D-u_0)} \tag{2-32}$$

在 $u_0=0$ 条件下，上式可简化为

$$\left(E-E_0\right)+\frac{1}{2}u^2=\frac{Pu}{\rho_0 D} \tag{2-33}$$

式（2-28）、式（2-30）、式（2-32）为由三个守恒定律导出的冲击波基本关系式，它表示冲击波压缩前后介质状态参数之间的关系。

将比容 $v=\dfrac{1}{\rho}$ 代入式（2-28）

$$u-u_0=\left(1-\frac{v}{v_0}\right)(D-u_0) \tag{2-34}$$

变换得

$$\frac{D-u_0}{v_0}=\frac{u-u_0}{v_0-v}$$

由式（2-30）知

$$\frac{D-u_0}{v_0}=\frac{P-P_0}{u-u_0}$$

故

$$\frac{P-P_0}{u-u_0}=\frac{u-u_0}{v_0-v}$$

由此得

$$u-u_0=\sqrt{(P-P_0)(v_0-v)} \tag{2-35}$$

或

$$u-u_0=(v_0-v)\sqrt{\frac{P-P_0}{v_0-v}} \tag{2-35'}$$

将式（2-35）代入式（2-34），整理得

$$D-u_0=v_0\sqrt{\frac{P-P_0}{v_0-v}} \tag{2-36}$$

当 $u_0=0$ 时

$$D=v_0\sqrt{\frac{P-P_0}{v_0-v}} \tag{2-37}$$

式（2-35）和式（2-36）称为黎曼方程，它们将冲击波速度 D 和波阵面的质点速度 u 与波阵面上的压力 P 和比容 v 联系起来。

同理，将能量方程式（2-32）经类似的变换，得

$$E-E_0=\frac{1}{2}\left(P+P_0\right)(v_0-v) \tag{2-38}$$

式（2-38）体现了冲击波波阵面通过前后介质内能的变化（$E - E_0$）与波阵面压力 p 和比容 v 的关系，称为冲击绝热方程，又称兰金-雨果尼奥（Rankine-Hugoniot）方程。

以上三个冲击波基本方程式适用于任何介质中传播的冲击波。不过，当用于某一具体介质中传播的冲击波时，尚需与介质的状态方程式（2-39）联立求解冲击波参数

$$P = P(v,\ T) \tag{2-39}$$

或

$$P = P(P,\ T)$$

上述四个方程中共有五个未知参数，只要知道其中一个参数，便可联立求解。

由式（2-37），可得

$$P - P_0 = -\frac{D^2}{v_0^2}v + \frac{D^2}{v_0} \tag{2-40}$$

式（2-40）在（P，v）状态平面内为以（P_0，v_0）为始发点、斜率 $\tan\alpha = -\dfrac{D^2}{v_0^2}$ 的斜线，称为波速线（也称米海尔松直线）。显然，不同斜率的斜线与不同的冲击波波速是相对应的，其物理意义是一定波速的冲击波穿过具有同一初始状态（P_0，v_0）的不同介质所达到的终点状态的连线。

冲击绝热方程式（2-38）在（P，v）平面上以介质初始状态（P_0，v_0）点为始发点的曲线，称为冲击绝热曲线，或称兰金-雨果尼奥曲线（RH 线）。冲击绝热线不是过程线，而是不同波速的冲击波传过同一初始状态点（P_0，v_0）的介质后所达到的终点状态的连线。

如果介质是理想气体，其状态方程为

$$pv = nRT \tag{2-41}$$

可导出 $E = \dfrac{Pv}{K-1}$，并代入式（2-38）中

$$\frac{Pv}{K-1} - \frac{P_0 v_0}{K_0-1} = \frac{1}{2}(P + P_0)(v_0 - v) \tag{2-42}$$

一般情况下，近似 $K_0 \approx K$，变换上式，得

$$\frac{P}{P_0} = \frac{(K+1)\rho - (K-1)\rho_0}{(K+1)\rho_0 - (K-1)\rho} \tag{2-43}$$

或

$$\frac{\rho}{\rho_0} = \frac{(K+1)P + (K-1)P_0}{(K+1)P_0 + (K-1)P} \tag{2-44}$$

式（2-43）和式（2-44）就是理想气体中冲击波的冲击绝热方程的两种不同形式。

对于静止气体中 $(u_0 = 0)$ 传播的冲击波，其参数计算式为

$$u = \frac{2}{K+1}D\left(1 - \frac{1}{M^2}\right) \tag{2-45}$$

$$P - P_0 = \frac{2}{K+1} \rho_0 D^2 \left(1 - \frac{1}{M^2}\right) \tag{2-46}$$

$$\frac{\rho_0}{\rho} = \frac{K-1}{K+1} + \frac{2}{(K+1)M^2} \tag{2-47}$$

$$\frac{T}{T_0} = \frac{P}{P_0} \frac{(K+1)P_0 + (K-1)P}{(K+1)P + (K-1)P_0} \tag{2-48}$$

式中，M 为马赫数，$M = \dfrac{D}{c_0}$，c_0 为未扰动气体中的音速。

对于强冲击波 $(P \gg P_0)$，$1/M^2$ 和 p_0 均可忽略不计，冲击波参数计算公式简化为

$$u = \frac{2}{K+1} D \tag{2-49}$$

$$P = \frac{2}{K+1} \rho_0 D^2 \tag{2-50}$$

$$\frac{\rho_0}{\rho} = \frac{K-1}{K+1} \tag{2-51}$$

$$\frac{T}{T_0} = \frac{P(K-1)}{P_0(K+1)} \tag{2-52}$$

2.6.2　爆轰波方程

爆轰波是在炸药中传播的伴有高速化学反应的冲击波，也称为反应性冲击波或自持性冲击波，前沿冲击波和后跟的化学反应区构成了一个完整的爆轰波阵面，且波阵面上的参数及其宽度不随时间变化，直至爆轰结束而终止。

柴普曼（Chapman，1899）和柔格（Jouguet，1905）分别提出了著名的爆轰波 C-J（Chapman-Jouguet）理论，即：

（1）爆轰波为一维理想平面波。

（2）波阵面是一个不连续的突跃面，由于冲击引起的化学反应瞬时完成，并且反应物处于热化学平衡状态，遵守热力学状态方程。在传播过程中没有热传导、热辐射、热扩散以及黏性等能量的耗散。

（3）介质状态是不连续的，突跃是稳定的，产物的状态与时间无关。

C-J 理论将爆轰波简化为含有化学反应的强间断面，认为化学反应只是起着外加能源的作用，把复杂的爆轰过程简化，建立爆轰波的基本关系式。

捷尔道维奇（Zeldovich）、冯·诺依曼（Von Neumann）、达尔令（Doering）分别于 1940 年、1942 年和 1943 年在 C-J 理论的基础上提出了爆轰波结构模型，简称 ZND 模型。图 2-18 是爆轰波 ZND 模型的示意图。当炸药爆轰时，在前沿冲击波的波阵面上，炸药的压力由原始压力 P_0 突跃为 P_1，炸药受到剧烈的冲击压缩而产生迅速的化学的反应，对应于反应区末端反应终了的平面就是通常所称的 C-J 面，其对应的压力（P_2）就是通常所称的 C-J 压力，即爆轰波阵面压力，简称爆轰压。在化学反应区后为爆轰产物

膨胀区。

　　根据爆轰波的结构，可以将其划出三个控制面：第一个是 0-0 面，它在前沿冲击波阵面之前，那里的炸药尚未受到扰动。第二个是 1-1 面，它紧靠在前沿冲击波阵面之后。在 0-0 面及 1-1 面之间的炸药已被冲击波压缩，但尚未开始进行化学反应。第三个控制面是 2-2 面，在 1-1 面和 2-2 面之间是化学反应区，在 2-2 面处化学反应已经完成，炸药全部变成爆轰产物。图 2-19 所示的就是这样的一个一维平面理想爆轰波的波阵面。

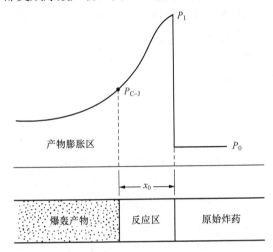

图 2-18　爆轰波的 ZND 模型

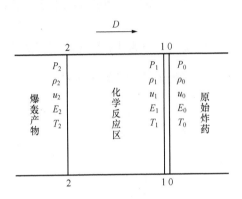

图 2-19　爆轰波阵面结构示意图

　　爆轰波的基本关系式就是建立原始炸药的参数（P_0，ρ_0，u_0，E_0，T_0）与 2-2（C-J）面上爆轰产物的参数（P_2，ρ_2，u_2，E_2，T_2）之间的关系式。爆轰波阵面虽然要比冲击波阵面的厚度大（通常猛炸药的爆轰波阵面的厚度约为零点几个毫米），但是从宏观上看来还是一个很薄的薄层。可以用建立冲击波基本关系式完全相同的方法来建立爆轰波的基本关系式，其中质量守恒与动量守恒方程的形式完全相同，即

$$\rho_0(D-u_0)=\rho_2(D-u_2) \tag{2-53}$$

$$P_2-P_0=\rho_0(D-u_0)^2-\rho_2(D-u_2)^2 \tag{2-54}$$

与冲击波一样，可以得出

$$u_2-u_0=\sqrt{(P_2-P_0)(v_0-v_2)} \tag{2-55}$$

$$D=u_0+V_0\sqrt{\frac{P_2-P_0}{v_0-v_2}} \tag{2-56}$$

$$D=u_2+v_2\sqrt{\frac{P_2-P_0}{v_0-v_2}} \tag{2-57}$$

若 $u_0=0$，则

$$u_2=\sqrt{(P_2-P_0)(v_0-v_2)} \tag{2-58}$$

$$D = v_0 \sqrt{\frac{P_2 - P_0}{v_0 - v_2}}$$

由能量守恒定律导出的爆轰波能量方程与冲击波的能量方程略有不同，其中增加了由化学反应放出的能量，即爆热 Q_v 一项，即

$$E_2 - E_0 = \frac{1}{2}(P_2 + P_0)(v_0 - v_2) + Q_v \tag{2-59}$$

式（2-55）、式（2-56）及式（2-59）就是由基本守恒定律导出的爆轰波的三个基本关系式，其中式（2-59）称为爆轰波的雨贡纽（Hugoniot）方程。

应用式（2-30）到爆轰波中来，当 $u_0 = 0$ 时，则有

$$P_2 - P_0 = \rho_0 u_2 D \tag{2-60}$$

这就是常用的计算爆轰波超压的公式。

2.6.3　爆轰波稳定传播的条件

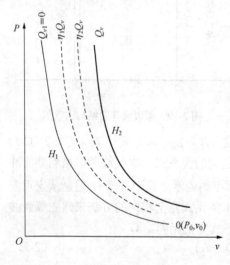

图 2-20　爆轰波的雨贡纽曲线

与冲击波的雨贡纽曲线一样，爆轰波的雨贡纽曲线也不表示爆轰时状态的变化过程，它只表示爆轰化学反应刚结束时爆轰产物的状态在此曲线上。由于爆轰过程中要放出热量（$Q_v > 0$），所以爆轰波的雨贡纽曲线（H_2）在 P、V 坐标图上高于冲击波的雨贡纽曲线（H_1），且不通过初态点 0（P_0, v_0），如图 2-20 所示。

若以 η 表示化学反应进行的程度（$\eta \leqslant 1$），则该反应放出的热量为 ηQ_v，反应完毕时（$\eta = 1$）放出了全部热量 Q_v，反应不同阶段所对应的雨贡纽曲线，如图 2-20 中虚线所示。它们处于冲击波的雨贡纽曲线（H_1）和爆轰波的雨贡纽曲线（H_2）之间。H_1 相当于 $\eta = 0$ 的情况，H_2 相当于 $\eta = 1$ 时的情况。

放出热量为 ηQ_v 的雨贡纽方程为

$$E - E_0 = \frac{1}{2}(P + P_0)(v_0 - v) + \eta Q_v \tag{2-61}$$

爆轰波的波速方程与冲击波的波速方程是一样的

$$P = -\frac{D^2}{v_0^2} v + \left(\frac{D^2}{v_0} + P_0\right) \tag{2-62}$$

爆速不同，相应的波速线斜率也不同，每一条波速线对应着一个特定的爆速。炸药爆轰反应的整个过程中，状态的所有参数都是沿着爆轰波的波速线（瑞利直线）变化的。所以它是化学反应区中状态变化的轨迹，如图 2-21 所示。

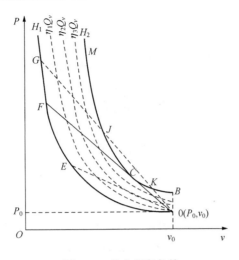

图 2-21　稳定爆轰条件

对于相同初态的炸药，在同一波速冲击波作用下，爆轰产物的状态是瑞利直线与爆轰波的雨贡纽曲线的交点。从物理上讲，一种炸药的稳定爆轰只能是一个爆速，对应一种产物状态，所以瑞利直线与爆轰波的雨贡纽曲线只能有一个交点，这个交点就是通过初始状态的波速线与爆轰波的雨果尼奥曲线相切的 C 点，称为 C-J 点。可以证明：在 C 点爆轰是稳定的，除了 C 点，曲线上其余各点的爆轰状态都是不稳定的。

爆轰波稳定传播的条件最早是由柴普曼和柔格互相独立地提出的，简称 C-J 条件。爆轰波相对于爆轰产物的传播速度，等于爆轰产物中的声速，即

$$D - u = c \tag{2-63}$$

或

$$D = u + c \tag{2-63'}$$

稳定爆轰的机理大致是这样的：在冲击波未达到之前，炸药处于原始状态 $0(P_0, v_0)$，当炸药受到冲击压缩的瞬间，炸药的状态由 $0(P_0, v_0)$ 突变到 F，这时炸药还来不及发生化学变化，此瞬间的作用仅有冲击波的作用，所以状态参数是根据冲击波的雨贡纽曲线突变的。即由 0 点突变到 F 点。在 F 点时炸药被强烈压缩，因而立即引起高速的化学反应，这时爆轰反应区的状态参数的变化是沿着瑞利直线 FC 进行的。随着反应高速的进行和热量的放出，产物的体积逐渐增大，压力逐渐降低，直至反应完毕，放出全部热量 Q_v，产物达到 C 点的状态。从热力学观点看，在 C 点熵最大，为平衡而稳定的状态。到达 C 点后，完成了化学反应的产物将继续膨胀，但膨胀过程不再沿瑞利直线进行，而假定是沿等熵曲线进行的。

2.6.4　爆轰参数的计算

爆轰参数主要有 D、P_2、u_2、$v_2(P_2)$ 和 T_2 五个参数，由三大守恒定律导出了三个基本关系式，加上稳定爆轰的条件式和炸药的状态方程式，以上五个方程式组成的方程组，原则上可以解出五个参数。

对于气体爆轰，可以近似按理想气体处理 $(E = C_v T = Pv / (K - 1)$，$K_2 = K_0 = K)$，并

令 $u_0 = 0$ ，可以得出

$$D = \sqrt{\frac{K^2-1}{2}Q_v + c_0^2} + \sqrt{\frac{K^2-1}{2}Q_v} \qquad (2\text{-}64)$$

$$P_2 - P_0 = \frac{\rho_0 D^2}{K+1}\left(1 - \frac{c_0^2}{D^2}\right) \qquad (2\text{-}65)$$

$$v_0 - v_2 = \frac{v_0}{K+1}\left(1 - \frac{c_0^2}{D^2}\right) \qquad (2\text{-}66)$$

$$u_2 = \frac{D}{K+1}\left(1 - \frac{c_0^2}{D^2}\right) \qquad (2\text{-}67)$$

$$T_2 = \frac{P_2 v_2}{R} = \frac{(KD^2 + c_0^2)^2}{nK(K+1)^2 RD^2} \qquad (2\text{-}68)$$

当 $P_2 \gg P_0$ ， $D \gg c_0$ 时，可简化为

$$D = \sqrt{2(K^2-1)Q_v} \qquad (2\text{-}69)$$

$$P_2 = \frac{1}{K+1}\rho_0 D^2 \qquad (2\text{-}70)$$

$$\rho_2 = \frac{K}{K+1}\rho_0 \qquad (2\text{-}71)$$

$$u_2 = \frac{1}{K+1}D \qquad (2\text{-}72)$$

$$T_2 = \frac{KD^2}{nR(K+1)^2} \qquad (2\text{-}73)$$

通常，在简便的近似计算中，凝聚炸药的状态方程常采用下式表示

$$Pv^r = A \qquad (2\text{-}74)$$

引入式（2-52）的状态方程后，可以得到与气体炸药相同的结果，只是绝热指数 K 换成了多方指数 r ，即

$$\left.\begin{array}{l} D = \sqrt{2(r^2-1)Q_v} \\[2mm] P_H = \dfrac{1}{r+1}\rho_0 D^2 \\[2mm] \rho_H = \dfrac{r}{r+1}\rho_0 \\[2mm] u_H = \dfrac{1}{r+1}D \\[2mm] T_H = \dfrac{rD^2}{nR(r+1)^2} \end{array}\right\} \qquad (2\text{-}75)$$

实验表明，多方指数 r 的范围在 2.3～3.3 之间，若取 $r = 3$ ，得到如下简明结果。

$$\left.\begin{array}{l} D = 4\sqrt{Q_v} \\[2mm] P_H = \dfrac{1}{4}\rho_0 D_H^2 \\[2mm] \rho_H = \dfrac{3}{4}\rho_0 \\[2mm] u_H = \dfrac{1}{4}D_H \\[2mm] T_H = \dfrac{3D^2}{16nR} \end{array}\right\} \qquad (2\text{-}76)$$

思　考　题

1. 什么是爆炸？爆炸分几类？爆炸的要素是什么？
2. 炸药爆轰和燃烧有哪些区别？
3. 什么是氧平衡？分几种不同情况，各有何意义？
4. 试分析混合炸药不都是零氧平衡的原因。
5. 炸药爆炸可能产生哪些有毒气体？这些气体是如何产生的？
6. 试计算特屈儿的氧平衡值。
7. 炸药的感度分哪几种？
8. 什么是炸药的爆发点？如何测定？
9. 解释机械能起爆机理。
10. 机械能作用下，炸药内热点形成的原因是什么？
11. 什么是殉爆？什么是殉爆距离？实验测定炸药的殉爆距离时应注意什么问题？
12. 音波和冲击波有何区别？
13. 什么是爆轰和爆轰波？影响爆轰波传播速度的因素有哪些？
14. 冲击波和爆轰波参数有哪些？有何区别？
15. 试分析炸药稳定爆轰的条件。
16. 试解释爆轰波传播的 ZND 模型。
17. 什么是炸药的做功能力？什么是炸药的爆力？爆力的测试方法是什么？
18. 什么是炸药的猛度？一般采用的测试方法是什么？

第3章 工业炸药

3.1 工业炸药的分类

工业炸药泛指在爆破中广泛使用的炸药。工程爆破作业对工业炸药的基本要求是：

（1）具有良好的爆炸性能，有足够的爆炸能量以满足爆破作业的要求。

（2）具有一定的感度和较高的热安定性，既能保证有效地起爆，又能保证生产、储存、运输、使用的安全和一定的储存期。

（3）环境友好，炸药生产、使用过程中给人体和环境带来危害或污染小，爆炸产生较少的有毒气体。

（4）原料来源广泛，加工工艺简单，操作安全，使用方便，经济合理。

炸药分类方法很多，目前还没有建立起统一的分类标准，一般可根据炸药的组成、用途和主要化学成分进行分类，工业炸药还可以根据使用条件进行分类。

1. 按炸药的应用范围和成分分类

（1）起爆药。特点是极其敏感，从燃烧到爆轰的时间极为短暂。通常用它来制造雷管、起爆其他类型的炸药。最常用的起爆药有二硝基重氮酚 $C_6H_2(NO_2)_2N_2O$ （简称DDNP）、雷汞 $(Hg(CNO)_2)$、氮化铅 $(Pb(N_3)_2)$ 等。

（2）猛炸药。特点是猛度高、做功能力大。按组分又分为单质猛炸药和混合炸药。单质猛炸药指化学成分为单一化合物的猛炸药，又称爆炸化合物。工业上常用的单质猛炸药有 TNT、RDX、泰安等，常用于雷管的加强药、导爆索和导爆管药芯以及混合炸药的敏化剂等。混合炸药是指由两种或两种以上的化学成分组成的混合物猛炸药，是工程爆破中用量最大的炸药，它是开山、筑路、采矿等爆破作业的主要能源。

（3）发射药，又称火药。主要用作枪炮或火箭的推进剂，也可用作点火药、延期药。它们的变化过程是迅速燃烧，而在密闭条件下爆炸。常用的发射药有黑火药，可用于制造导火索和矿用火箭弹。

（4）烟火剂。烟火剂基本上由氧化剂与可燃剂组成的混合物，其主要变化过程是燃烧，一般用来装填照明弹、信号弹、燃烧弹等。

2. 按工业炸药的使用条件分类

（1）第一类炸药准许在一切地下和露天爆破工程中使用的炸药，包括有沼气和矿尘爆炸危险的矿山。又称煤矿许用炸药。

（2）第二类炸药一般是用于地下或露天爆破工程中使用的炸药。但不能用于有瓦斯或煤尘爆炸危险的地方。

（3）第三类炸药专用于露天作业场所工程爆破的炸药。

按炸药的主要化学成分分类有硝铵类炸药、硝化甘油类炸药、芳香族硝基化合物类炸药等。

按照炸药的物理状态又可将工业炸药分为粉状炸药、粒状炸药、浆状炸药、乳化炸药、胶质炸药和液体炸药等。

3.2 乳 化 炸 药

乳化炸药是以氧化剂水溶液为分散相，以不溶于水、可液化的碳质燃料作连续相，借助乳化剂的乳化作用及敏化剂的敏化作用而形成的一种油包水（W/O）型特殊结构的含水混合炸药。乳化炸药、浆状炸药和水胶炸药统称含水炸药，但三者的结构不同：乳化炸药属于油包水型结构，而浆状炸药和水胶炸药属于水包油型结构。

3.2.1 乳化炸药的组分

乳化炸药的组分中含有无机氧化剂盐水溶液、油、蜡、乳化剂、密度调整剂、少量的添加剂等多种原料，可以归结为氧化剂、燃烧剂、乳化剂和密度调整剂（敏化剂）四个主要部分，呈现一个连续相（油相）、两个分散相（水相、敏化气泡或颗粒）。

1. 油相材料

乳化炸药的油相材料可广义地理解为一类不溶于水的有机化合物，其主要作用是形成包覆内相粒子的油膜。当乳化剂存在时，可与氧化剂盐水溶液一起形成 W/O 型乳化液。油相材料是乳化炸药中的关键组分之一，其作用主要是：①形成连续相；②既是燃烧剂，又是敏化剂；③同时对乳化炸药的外观、储存性能有明显影响。油相材料的含量2%～6%，油相材料含量对炸药爆热的影响如图 3-1 所示。

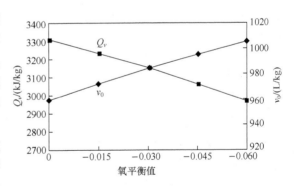

图 3-1 不同氧平衡值下乳化炸药的爆热和比容

注：横坐标对应的油相材料用量 4.05%～5.62%。

2. 氧化剂水溶液

绝大多数乳化炸药的分散相是由氧化剂水溶液构成，乳化炸药中氧化剂水溶液的主要作用是：①形成乳化炸药分散相；②提高乳化炸药密度；③改善乳化炸药爆炸性能；④增强乳化炸药使用灵活性。

氧化剂水溶液基本上是由硝酸铵和其他硝酸盐的过饱和溶液构成，硝酸钠、硝酸钙、高氯酸钙、尿素等都可以使硝酸铵水溶液的析晶点降低。硝酸铵和硝酸钠含量对炸药爆热的影响如图 3-2、图 3-3 所示。

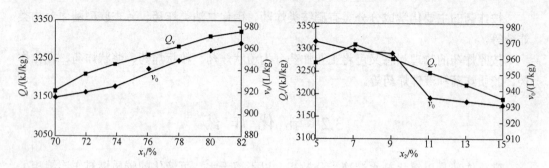

图 3-2　硝酸铵含量对乳化炸药爆热和比容的影响　　图 3-3　硝酸钠含量对乳化炸药爆热和比容的影响

水的含量对炸药的稳定性、密度和爆破性能都有明显的影响。在一定含量范围内，乳化炸药的存储稳定性随着水分含量的增加而提高，其密度则随着水分含量的增加而减少。经验表明，雷管敏感的乳化炸药的水分含量最好是 8%～12%；露天矿大直径炮孔使用的可泵送的非雷管敏感的乳化炸药的水分含量最好为 15%～17%。水分含量与炸药爆热的关系如图 3-4 所示。

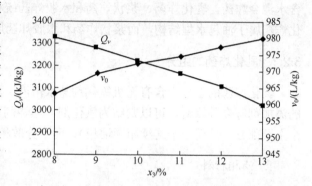

图 3-4　水的含量对乳化炸药爆热和比容的影响

3. 密度调整剂

形成乳化炸药第三乳化分散相的密度调整剂（或是分解产物）是指一类能够向乳化炸药中引入许多均匀分布的微小气泡的物质。它的作用是：①较好地调节乳化炸药的密度和能量；②可使乳化炸药的爆轰感度明显提高。密度调整剂主要有吸溜气体、化学发泡剂和夹带气体的固体颗粒等几种。采用发泡剂称为化学敏化，添加玻璃微球、树脂微球、珍珠岩等称为物理敏化。

4. 油包水型乳化剂

油水相本是互不相溶的，乳化剂的作用使它们互相紧密吸附，形成比表面积很高的乳状液并使氧化剂同还原剂的耦合程度增强。实践已经表明，乳化剂含量约占炸药总质量的 0.5%～2.5%。经验表明，HLB（亲水亲油平衡值）为 3～6 的乳化剂多数可以用作乳化炸药的乳化剂。乳化炸药可含有一种乳化剂，也可以含有两种或两种以上的乳化剂。

5. 其他添加剂

包括乳化促进剂、晶形改性剂和乳胶稳定剂等，用量为 0.1%～0.3%。乳化炸药的生产工艺，如图 3-5 所示。

3.2.2 乳化炸药的主要特性

1. 密度可调范围宽

乳化炸药同其他两类含水硝铵炸药一样，具有较宽的密度可调范围。根据加入含微孔低密度材料数量的多少，炸药密度变化于 $0.8 \sim 1.45g/cm^3$ 之间。这样就使乳化炸药适用范围较宽，可根据工程爆破的实际需要制成不同品种。

2. 爆速和猛度高

乳化炸药因氧化剂与还原剂耦合良好而具有较高的爆速，一般可达 $4000\sim5500m/s$。由于其爆速和密度均较高，乳化炸药的猛度比 2 号岩石硝铵炸药高约 30%，可达到 $17\sim20mm$。然而，由于乳化炸药含有较多的水，其爆力比铵油炸药低，故在硬岩中使用的乳化炸药应加入热值较高的物质如铝粉、硫磺粉等。

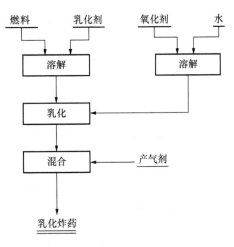

图 3-5 乳化炸药生产工艺流程图

3. 起爆敏感度高

乳化炸药通常可用 8 号雷管起爆。这是因为氧化剂水溶液细微液滴达到微米级的尺寸，加上吸溜微气泡分布均匀，提高了其起爆感度。

4. 抗水性强

乳化炸药的抗水性比浆状炸药或水胶炸药更强。

表 3-1 列出了部分国产乳化炸药的组分与性能，表 3-2 列出了乳化炸药性能指标。

表 3-1 几种乳化炸药的组分与性能

	炸药名称	EL 系列	RL-2	RJ 系列	MRY-3	CLH
组成成分/%	硝酸铵	63~75	65	53~80	60~65	50~70
	硝酸钠	10~15	15	5~15	10~15	15~30
	油相材料	2.5	2.8~5.5	2~5	3~6	2~8
	水	10	10	8~15	10~15	4~12
	乳化剂	1~2	3	1~3	1~2.5	0.5~2.5
	尿素	—	2.5	—	—	—
	铝粉	2~4	—	—	3~5	—
	密度调节剂	0.3~0.5	—	0.1~0.7	0.1~0.5	—
	添加剂	2.1~2.2	—	0.5~2.0	0.4~1.0	0~4；3~15
性能	猛度/mm	16~19	12~20	16~18	16~19	15~17
	爆力/mL	—	302~304	—	—	295~330
	爆速/m/s	4500~5000	3500~4200	4500~5400	4500~5200	4500~5500
	殉爆距离/cm	8~12	5~23	>8	8	—

表 3-2　乳化炸药主要性能指标（GB 18095—2000）

项目	指标						
	岩石乳化炸药		煤矿许用炸药			露天乳化炸药	
	1 号	2 号	一级	二级	三级	有雷管感度	无雷管感度
药卷密度/(g/cm³)	0.95～1.30		0.95～1.25			1.10～1.30	—
炸药密度/(g/cm³)	1.00～1.30		1.00～1.30			1.15～1.35	1.00～1.35
爆速/(m/s)	≥4.5×10³	≥3.2×10³	≥3.0×10³	≥3.0×10³	≥2.8×10³	≥3.0×10³	≥3.5×10³
猛度/mm	≥16	≥12	≥10	≥10	≥8	≥10	—
殉爆距离/cm	≥4	≥3	≥2	≥2	≥2	≥2	—
爆力/mL	≥320	≥260	≥220	≥220	≥210	≥240	—

3.2.3　粉状乳化炸药

　　粉状乳化炸药又称乳化粉状炸药，它以含水较低的氧化剂溶液的细微液滴为分散相，特定的碳质燃料与乳化剂组成的油相溶液为连续相，在一定的工艺条件下通过强力剪切形成油包水型乳胶体，通过雾化制粉或旋转闪蒸使胶体雾化脱水，冷却固化后形成具有一定粒度分布的新型粉状硝铵炸药。粉状乳化炸药含水量一般在 3%以下，因此其做功能力大于乳化炸药，由于其在制备的过程中颗粒中及颗粒间形成许多孔隙，使其具有较好的雷管感度和爆轰感度。这种炸药的颗粒具有 W/O 型特殊的微观结构，因而它具有良好的抗水性能，粉状乳化炸药兼具乳化炸药及粉状炸药的优点。常用的粉状乳化炸药的性能指标如表 3-3 所示。

表 3-3　粉状乳化炸药的性能指标

性能指标		药卷密度/(g/cm³)	殉爆距离/cm	猛度/mm	爆速/(m/s)	爆力/mL	炸药爆炸后有毒气体含量/(L/kg)	可燃气安全度（以半数引火量计）/g	抗爆燃性	撞击感度/%	摩擦感度/%
炸药名称	岩石粉状乳化炸药	0.85～1.05	≥5	≥13.0	≥3.4×10³	≥300	≤80	—		≤15	≤8
	一级煤矿许用粉状乳化炸药	0.85～1.05	≥5	≥10.0	≥3.2×10³	≥240	≤80	≥100	合格	≤15	≤8
	二级煤矿许用粉状乳化炸药	0.85～1.05	≥5	≥10.0	≥3.0×10³	≥230	≤80	≥180	合格	≤15	≤8
	三级煤矿许用粉状乳化炸药	0.85～1.05	≥5	≥10.0	≥2.8×10³	≥220	≤80	≥400	合格	≤15	≤8

3.3　铵油炸药

3.3.1　铵油炸药的成分

　　铵油炸药（ANFO）主要成分为硝酸铵和柴油，包括粉状铵油炸药、多孔粒状铵油炸药、重铵油炸药和膨化硝铵炸药。为了改善铵油炸药的爆炸性能，常在铵油炸药中加入某些添加剂，例如，为了提高粉状铵油炸药的爆轰感度，加入木粉、松香等；为了提高威力，加入铝粉、铝镁合金粉；为了使柴油和硝酸铵混合均匀，进一步提高炸药的爆轰稳定性，加入一些阴离子表面活性剂（十二烷基磺酸钠，十二烷基苯磺酸钠）等。

硝酸铵（NH_4NO_3）是一种非常钝感的爆炸性物质。用于制备炸药的工业硝酸铵有结晶状和多孔粒状之分。结晶状通常为白色晶体，具有多种晶形，其晶形随温度的不同而变化，熔点为 169.6℃，有强烈吸湿作用，易结块硬化。

硝酸铵本身是一种低威力炸药，其 TNT 当量为 52%，生成气体量大。硝酸铵爆炸性能指标见表 3-4。

表 3-4 硝酸铵爆炸性能

项目	密度/ (g/cm^3)	猛度 /mm	爆速 / (m/s)	爆力 /mL	爆容 / (L/kg)	爆热 / (kJ/kg)	TNT 当量 /%
性能指标	0.9～1.0	<2	2500	180～220	980	376	52

硝酸铵随温度不同，产生不同的分解反应。在低温时，缓慢分解，温度达 110℃时，分解为亚硝酸和氨气，是吸热反应；当温度在 185～200℃时，开始加速分解，分解为水和氧化氮，此时为放热反应；当温度大于 400℃时，呈爆炸反应，即

$$2NH_4NO_3 \longrightarrow 2N_2 + O_2 + 4H_2O + 128.5kJ/mol$$

铵油炸药的合理配比是以达到零氧平衡为准则，然后根据爆炸性能，有害气体量的实验结果进行调整。铵油炸药的含油率与爆热、一氧化碳量、爆力、爆速、猛度关系的实验结果，如图 3-6 和图 3-7 所示。

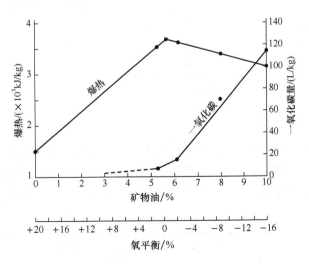

图 3-6 铵油炸药含油率与爆热、一氧化碳含量关系

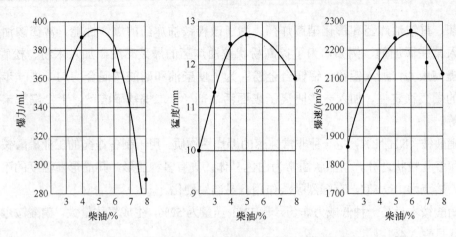

图 3-7　铵油炸药含油率与爆力、猛度、爆速的关系

3.3.2　粉状铵油炸药

粉状铵油炸药中的结晶型硝酸铵、柴油和木粉的含量按炸药爆炸反应的零氧平衡原则计算确定。考虑到制造设备条件和工程爆破作业的具体要求，各组分在一定的范围内可以调整。几种粉状铵油炸药的组分、性能如表 3-5 所示。

表 3-5　几种粉状铵油炸药的组分、性能

成分与性能		1 号铵油炸药	2 号铵油炸药	3 号铵油炸药
成分/%	硝酸铵	92±1.5	92±1.5	94.5±1.5
	柴油	4±1	1.8±0.5	5.5±1.5
	木粉	4±0.5	6.2±1	—
性能	药卷密度/（g/cm³）	0.9~1.0	0.8~0.9	0.9~1.0
	水分含量/%	≤0.25	≤0.8	≤0.8
	爆速/（m/s）	≥3300	≥3800	≥3800
	爆力/mL	≥300	≥250	≥250
	猛度/mm	≥12	≥18	≥18
	殉爆距离/cm	5	—	—

注：1 号铵油炸药的测试药包的约束为内径 40mm，长 300mm 的双层牛皮纸管。2 号和 3 号铵油炸药的测试药包的约束为 ϕ40mm 的普通钢管（钢管光-40-YB234-64）。

3.3.3　多孔粒状铵油炸药

多孔粒状铵油炸药是由 94.5% 的多孔粒状硝铵和 5.5% 柴油混合而成。考虑到加工过程中柴油可能有部分挥发和损失，通常加 6% 的轻柴油。多采用粒状铵油炸药混装车在爆破现场直接混制并装入炮孔。多孔粒状铵油炸药性能指标如表 3-6 所示。

表 3-6　多孔粒状铵油炸药性能指标

项目	性能指标	
	包装产品	混装产品
水分/%	≤0.30	—
爆速/（m/s）	≥2800	≥2800
猛度/mm	≥15	≥15

续表

项目	性能指标	
	包装产品	混装产品
爆力/mL	≥278	—
使用有效期/d	60	30
炸药有效期内　爆速/(m/s)	≥2500	≥2500
炸药有效期内　水分/%	≤0.50	—

3.3.4　重铵油炸药

重铵油炸药又称乳化铵油炸药,是由乳胶基质与多孔粒状铵油炸药的物理掺合产品。在掺合过程中,高密度的乳胶基质填充多孔粒状硝酸铵颗粒间的空隙并涂覆于硝酸铵颗粒的表面。这样,既提高了粒状铵油炸药的相对体积威力,又改善了铵油炸药的抗水性能。乳胶基质在重铵油炸药中的比例可在0~100%之间变化,炸药的体积威力及抗水能力等性能也随着乳胶含量的变化而变化。图3-8为重铵油炸药的相对体积威力与乳胶含量的关系。

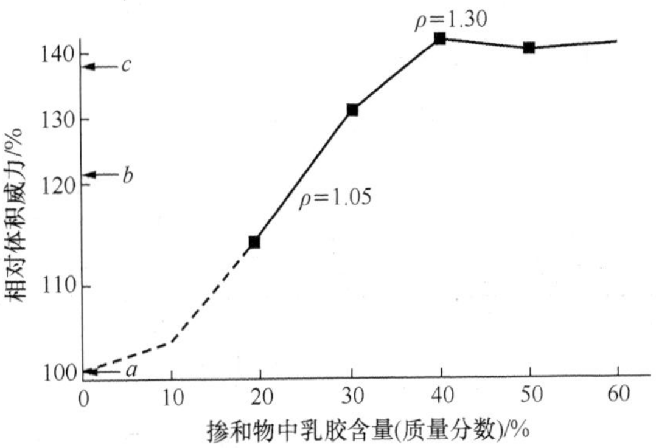

图 3-8　重铵油炸药的体积威力与乳胶含量的关系

a—100%铵油炸药的体积威力; b—含5%铝粉的铵油炸药的相对威力; c—含10%铝粉的铵油炸药的相对体积威力

随着重铵油炸药中乳胶含量的增加,炸药的临界直径逐渐增大,即炸药的起爆感度降低。表 3-7 为重铵油炸药组分与性能的关系。

表 3-7　重铵油炸药的性能与组分(质量分数)的关系

项目	乳胶基质 ANFO 组分/%										
	0	10	20	30	70	50	60	70	80	90	100
	100	90	80	70	60	50	40	30	20	10	0
密度/(g/cm³)	0.85	1.0	1.10	1.22	1.31	1.42	1.37	1.35	1.32	1.31	1.30
爆速/(m/s) 药包直径127mm	3800*	3800	3800	3900	4200	4500	4700	5000	5200	5500	5600*
膨胀功/(cal/g)	908	897	886	876	862	846	824	804	784	768	752
冲击功/(cal/g)						827					750
克分子气体100g	4.38	4.33	4.28	4.23	4.14	4.14	4.09	4.04	3.99	3.94	3.90
相对重量威力	100	99	98	96	95	93	91	89	86	85	83
相对体积威力	100	116	127	138	146	155	147	171	133	131	127
抗水性	无	同一天内可起爆			在无约束包装下,可保持3天起爆					无包装保持3天	
最小直径/mm	100	100	100	100	100	100	100	100	100	100	100

*系实测值,其余为估算值。

重铵油炸药一般在现场由混装车混制并直接装入炮孔，乳胶基质的生产则在炸药厂和现场制备站进行。

3.3.5　改性铵油炸药

改性铵油炸药与铵油炸药配方基本相同，主要区别为其将组分中的硝酸铵、燃料油和木粉进行改性，使炸药的爆炸性能和储存性能明显提高。将复合蜡、松香、凡士林、柴油等与少量表面活性剂按一定比例加热熔化配制成改性燃料油。木粉性主要是将木粉的多孔性结构中引入氧化剂，形成一种均匀混合物。硝酸铵改性主要是利用表面活性技术降低硝酸铵的表面性能，提高硝酸铵颗粒与改性燃料油的亲和力，从而提高了改性铵油炸药的爆炸性能和储存稳定性，它适合用于岩石爆破工程中。改性铵油炸药的组分、含量和性能指标见表 3-8 和表 3-9。

表 3-8　改性铵油炸药的组分及其含量

组分	硝酸铵	木粉	复合油	改性剂
含量/%	89.8~92.8	3.3~4.7	2.0~3.0	0.8~1.2

注：1. 制造改性铵油炸药的硝酸铵应符合 GB2945 的要求；

　　2. 木粉可用煤粉、碳粉、甘蔗渣粉等代替。

表 3-9　改性铵油炸药性能指标

炸药名称	有效期/d	殉爆距离/cm 浸水前	殉爆距离/cm 浸水后	药卷密度/(g/cm³)	猛度/mm	爆速/(m/s)	爆力/mL	可燃气安全度（以半数引火量计）/g	炸药爆炸后有毒气体含量/(L/kg)	抗爆燃性	煤尘—可燃气安全度（以半数引火量计）/g
岩石型改性铵油炸药	180	≥3	—	0.90~1.10	≥12.0	≥3.2×10³	≥298	—	≤100	—	—
抗水岩石型改性铵油炸药	180	≥3	≥2	0.90~1.10	≥12.0	≥3.2×10³	≥298	—	≤100	—	—
一级煤矿许用改性铵油炸药	120	≥3	—	0.90~1.10	≥10.0	≥2.8×10³	≥228	≥100	≤80	合格	≥80
二级煤矿许用改性铵油炸药	120	≥2	—	0.90~1.10	≥10.0	≥2.6×10³	≥218	≥180	≤80	合格	≥150

注：抗水岩石型改性铵油炸药与非抗水岩石型改性铵油炸药的油相含量相同，仅油相成分不同。

3.3.6　膨化硝铵炸药

膨化硝铵炸药是指用膨化硝酸铵作为炸药氧化剂的一系列粉状硝铵炸药，其关键技术是硝酸铵的膨化敏化改性，膨化敏化的实质是应用炸药爆轰的热点理论、表面化学理论、结晶化学理论，使硝酸铵饱和溶液在复合表面活性剂作用下经历膨化、强制发泡析晶的物理化学过程，从而制得轻质、疏松、多孔的膨化硝酸铵。膨化硝酸铵颗粒中含有大量的"微气泡"，颗粒表面被"歧性化""粗糙化"，当其受到外界强力激发作用时，这些不均匀的局部就可能形成高温高压的"热点"进而发展成为爆炸，实现硝酸铵的"自敏化"设计。膨化硝铵炸药组分及其性能指标见表 3-10 和表 3-11。

表 3-10 膨化硝铵炸药的组分（WJ 9026—2004）

炸药名称	组分含量（以质量分数计）/%			
	硝酸铵	油相	木粉	食盐
岩石膨化硝铵炸药	90.0～94.0	3.0～5.0	3.0～5.0	—
露天膨化硝铵炸药	89.5～92.5	1.5～2.5	6.0～8.0	—
一级煤矿许用膨化硝铵炸药	81.0～85.0	2.5～3.5	4.5～5.5	8～10
一级抗水煤矿许用膨化硝铵炸药	81.0～85.0	2.5～3.5	4.5～5.5	8～10
二级煤矿许用膨化硝铵炸药	80.0～84.0	3.0～4.0	3.0～4.0	10～12
二级抗水煤矿许用膨化硝铵炸药	80.0～84.0	3.0～4.0	3.0～4.0	10～12

注：1. 抗水煤矿许用的膨化硝铵炸药与非抗水煤矿许用的膨化硝铵炸药的油相含量相同，仅油相成分不同。

2. 岩石、露天膨化硝铵炸药的木粉可用煤粉替代。

表 3-11 膨化硝铵炸药的性能指标（WJ 9026—2004）

炸药名称	性能指标												
	水分（以质量分数计）/%	殉爆距离/cm		猛度/mm	药卷密度/(g/cm³)	爆速/(m/s)	爆力/mL	保质期/d	保质期内		有毒气体含量/(L/kg)	可燃气安全度/g	抗爆燃性
		浸水前	浸水后						殉爆距离/cm	水分/%			
岩石膨化硝铵炸药	≤0.30	≥4	—	≥12.0	0.80～1.00	≥3.2×10³	≥298	180	≥3	≤0.50	≤80	—	—
露天膨化硝铵炸药	≤0.30	—	—	≥10.0	0.80～1.00	≥2.4×10³	≥228	120	—	≤0.50	—	—	—
一级煤矿许用膨化硝铵炸药	≤0.30	≥4	—	≥10.0	0.85～1.05	≥2.8×10³	≥228	120	≥3	≤0.50	≤80	≥100	合格
一级抗水煤矿许用膨化硝铵炸药	≤0.30	≥4	≥2	≥10.0	0.85～1.05	≥2.8×10³	≥228	120	≥3	≤0.50	≤80	≥100	合格
二级煤矿许用膨化硝铵炸药	≤0.30	≥3	—	≥10.0	0.85～1.05	≥2.6×10³	≥218	120	≥2	≤0.50	≤80	≥180	合格
二级抗水煤矿许用膨化硝铵炸药	≤0.30	≥3	≥2	≥10.0	0.85～1.05	≥2.6×10³	≥218	120	≥2	≤0.50	≤80	≥180	合格

3.4 其他工业炸药

3.4.1 铵梯炸药

铵梯类炸药是以硝酸铵为氧化剂，木粉为可燃剂，梯恩梯为敏化剂，按一定比例均匀混合制得的硝铵炸药。通常为粉状，故又称工业粉状铵梯炸药，国外称为阿莫尼特。

铵梯炸药由于其组成简单、原料广泛、成本低廉、加工方便而在国内外用了近两个世纪。铵梯炸药按使用范围分为露天铵梯炸药、岩石铵梯炸药及煤矿许用炸药三大类；按其抗水性能分为普通铵梯炸药和抗水铵梯炸药两大类。工程爆破中的药量计算一般以 2 号岩石铵梯炸药为准。表 3-12 为 2 号岩石铵梯炸药的组成和性能。

表 3-12　2 号岩石铵梯炸药的组成和性能

组成 性能	硝酸铵 /%	梯恩梯 /%	木粉 /%	密度 /（g/cm³）	猛度 /mm	爆力 /mL	殉爆距离 /cm	爆速 /（m/s）
	85±1.5	11±1.0	4±0.5	0.95～1.10	≥12	≥298	≥5	≥3200

注：铵梯炸药于 2008 年被国家禁止生产、销售与使用。

3.4.2　水胶炸药

水胶炸药由硝酸甲胺、氧化剂、辅助敏化剂、辅助可燃剂、密度调节剂等材料溶解、悬浮于有胶凝剂的水溶液中，再经化学交联制成凝胶状含水炸药。水胶炸药是在浆状炸药的基础上发展起来的，二者的主要区别在于水胶炸药用硝酸甲胺为主要敏化剂，而浆状炸药敏化剂主要用非水溶性的火炸药成分、金属粉和固体可燃物。按照水胶炸药的不同用途可将水胶炸药分为岩石、煤矿许用及露天三种类型。水胶炸药主要性能指标如表 3-13 所示。

表 3-13　水胶炸药主要性能指标（GB 18094—2000）

项目	指标					
	岩石水胶炸药		煤矿许用水胶炸药			露天水胶炸药
	1 号	2 号	一级	二级	三级	
炸药密度/ （g/cm³）	1.05～1.30		0.95～1.25			1.15～1.35
殉爆距离/cm	≥4	≥3	≥3	≥2	≥2	≥3
爆速/（m/s）	≥4.2×10³	≥3.2×10³	≥3.2×10³	≥3.2×10³	≥3.0×10³	≥3.2×10³
猛度/mm	≥16	≥12	≥10	≥10	≥10	≥12
爆力/mL	≥320	≥260	≥220	≥220	≥180	≥240
使用保证期/d	270		180			180

3.4.3　胶质硝化甘油炸药

胶质炸药的主要组分是硝化甘油。纯硝化甘油的感度极高，不能单独用作工业炸药使用。1865 年诺贝尔（Alfred Nobel）发现了硅藻土能吸收大量的硝化甘油，并且运输和使用时都较为安全，于是便产生了最初的硝化甘油类炸药——代纳迈特（Dynamite）。后来，人们将硝化甘油和不同的材料按各种不同的配比进行混合，制成不同类型和级别的硝化甘油类炸药，即：胶质、半胶质和粉状。其基本区别是胶质和半胶质品含有硝化棉，而粉状品不含硝化棉。为了提高能量和改善其性能，一般还要添加硝酸铵、硝酸钠或硝酸钾作为氧化剂，加入少量的木粉作为疏松剂，加入一定量的二硝化乙二醇以提高其抗冻性能。美国、日本、中国的典型胶质炸药成分及性能如表 3-14 所示。

表 3-14 美国、日本、中国的典型胶质炸药成分及其性能

配方\性能\名称	MIL-D-60366（美国）	JISK4801-1968（日本）	WJ1422（中国）
硝化甘油/%	54	30～50	39.0～41.0
硝化棉/%	—	1.5～2.5	1.0～3.0
木粉/%	—	8～11	2.5～3.5
淀粉/%	—		2.5～3.5
硝酸铵/%	—	53～59	50.8～53.8
硝酸钠/%	44	—	
抗酸添加剂/%	2	—	
水分/%	—	≥2	≥1.0
爆速/(m/s)	4880	5000	6000
撞击感度	—	4～7 级	18%～48%
殉爆距离/cm	—	3 倍装药直径	8
安定度	10min/75℃	法规以上	10min/75℃

硝化甘油类炸药具有抗水性强、密度大、爆炸威力大等优点，20 世纪 50 年代中期以前，该类炸药曾作为工业炸药的主流产品发挥了重要作用。

3.4.4 低爆速炸药

低爆速炸药系指极限爆速较低的一类炸药。低爆速炸药具有较大的极限直径，其极限爆速通常为 1500～2000m/s。低爆速炸药配方的基本原理是在一种炸药中加入另一种与其相容的、广义的稀释剂，降低其爆速。稀释剂为重金属、重金属氧化物、微孔物质、人工充气气泡，甚至为爆速更低的可爆组分等。

在工程爆破中，低爆速炸药主要应用爆炸加工、岩石爆破中的光面爆破和预裂爆破等领域。

3.5 煤矿许用炸药

3.5.1 煤矿许用炸药的特点

我国的大部分煤矿矿井都是沼气矿井（又称瓦斯矿井），瓦斯和煤尘达到一定浓度时，受外界作用容易引发爆炸。爆破作业引起沼气、煤尘的燃烧和爆炸的主要原因是：

（1）炸药爆炸时形成的空气冲击波的绝热压缩。

（2）炸药爆炸时生成的炽热的或燃着的固体颗粒的点火作用。

（3）炸药爆炸时生成的气态爆炸产物及二次火焰的直接加热。

因此，煤矿许用炸药应该具有如下特点：

（1）爆炸后不至于引起矿井大气的局部高温，在保证做功能力的条件下，对其能量要有一定的限制，其爆热、爆温、爆压和爆速都要求低一些，降低瓦斯、煤尘的发火率。

（2）炸药应有较高的起爆敏感度和较好的传爆能力，以保证其爆炸的完全性和传爆

的稳定性，炸药爆炸过程中爆轰不至于转化为爆燃。良好的传爆能力还可使爆炸产物中未反应的炽热固体颗粒和爆炸瓦斯的量大大减少，从而提高其安全性。

（3）有毒气体的生成量应符合国家标准。炸药的氧平衡应接近于零，以确保其爆炸后生成较少的有毒气体。

（4）组分中不能含有金属粉末，以防爆炸后生成炽热固体颗粒。

为使炸药具有上述特性，应在煤矿许用炸药组分中添加一定量的消焰剂，主要是碱金属卤化物，如食盐、氯化钾、氯化铵或其他类似的物质。消焰剂是一种热容量大的物质，在炸药发生爆炸时，它能吸收一部分爆热而降低炸药的爆温，使炸药的爆温低、火焰小且火焰持续时间短，因而起到防止矿井大气局部温度升高的作用。另外消焰剂还对沼气-空气混合物的氧化燃烧反应起负催化作用，它能破坏沼气氧化燃烧时连锁反应的活化中心，促成链的中断，因而阻止了沼气-空气混合物的爆炸。

3.5.2　煤矿许用炸药的分级

我国煤矿许用炸药按照可燃气的安全性进行分级，按照 AQ1100-2014 的规定，煤矿许用炸药按照井下可燃气安全度等级分为一、二、三级。其中一级煤矿许用炸药为100g发射白炮检定合格，可用于低甲烷矿井岩石掘进工作面；二级煤矿许用炸药为180g发射白炮检定合格，用于低甲烷矿井煤层采掘工作面；三级煤矿许用炸药为400g发射白炮检定合格，用于高甲烷矿井、低甲烷矿井高甲烷采掘工作面、煤油共生矿井、煤与煤层气突出矿井。

3.5.3　常用煤矿许用炸药

根据炸药的组成和性质，煤矿许用炸药可分为以下几类：

（1）粉状硝铵类许用炸药。通常以梯恩梯为敏感剂，多为粉状。

（2）许用含水炸药。这类炸药包括许用乳化炸药和许用水胶炸药。前者在我国尚处于发展阶段，多数是二三级品，少数可达四级煤矿许用炸药的标准。煤矿许用含水炸药是近十几年来发展起来的新型许用炸药。由于它们组分中含有较大量的水，爆温较低，有利于安全，同时调节余地较大，具有较好的发展前景。

（3）离子交换炸药。含有硝酸钠和氯化铵的混合物，称为交换盐或等效混合物。在通常情况下，交换盐比较安全，不发生化学变化，但在炸药爆炸的高温高压条件下，交换盐就会发生反应，进行离子交换，生成氯化钠和硝酸铵

$$NaNO_3+NH_4Cl \rightarrow NaCl+NH_4NO_3 \rightarrow 2H_2O+N_2+\frac{1}{2}O_2$$

在爆炸瞬间生成的氯化钠作为消焰剂高度弥散在爆炸点周围，有效地降低爆温和抑制瓦斯燃烧。与此同时生成硝酸铵作为氧化剂加入到爆炸反应中。

（4）当量炸药。盐量分布均匀，而且安全性与被筒炸药相当的炸药称为当量炸药。当量炸药的含盐量要比被筒炸药高，爆力、猛度和爆热远比被筒炸药低，正常爆轰条件下，具有很高的安全性。

（5）被筒炸药。用含消焰剂较少、爆轰性能较好的煤矿硝铵炸药作药芯，其外再包

覆一个用消焰剂做成的"安全被筒"。这样的复合装药结构，就是通常所说的"被筒炸药"。当被筒炸药的药芯爆炸时，安全被筒的食盐被炸碎，并在高温下形成一层食盐薄雾，笼罩着爆炸点，更好地发挥消焰作用。因而这种炸药可用在瓦斯和煤尘突出矿井。被筒炸药整个炸药的消焰剂含量可高达 50%。

3.6　常用单质炸药

1）梯恩梯

梯恩梯（TNT）又叫三硝基甲苯，分子式为 $C_6H_2(NO_2)_3CH_3$，相对分子量 227。工业梯恩梯呈淡黄色鳞片状，在民用爆炸物品行业主要用作炸药敏化成分、起爆药柱等。

2）黑索金

黑索金（RDX）的分子式为 $C_3H_6N_6O_6$，相对分子量为 222。外观为白色斜方结晶，有一定毒性，在军事上主要用于制造高能炸药和高能推进剂，在民用爆炸物品行业主要用作炸药制品（如起爆具、震源药柱的组分等）和导爆索芯药，以及工业雷管的二次起爆药。

3）泰安

泰安（PETN）的分子式为 $C_5H_8N_4O_{12}$，相对分子量为 316。是由浓硝酸与季戊四醇进行酯化反应生成季戊四醇四硝酸酯，再经丙酮重结晶后制得的产品。在民用爆炸物品行业用作雷管装药和导爆索芯药等。

4）奥克托今

奥克托今（HMX）的分子式为 $C_4H_8N_8O_8$，相对分子量为 296.20。在民用爆炸物品行业用作雷管底药、导爆索芯和炸药制品（如起爆具、震源药柱的组分等）。

上述四种炸药性能如表 3-15 所示。

表 3-15　常用猛炸药性能

序号	名称	密度 /（g/cm³）	爆速 /（m/s）	猛度 /mm	爆力 /mL	爆热 /（kJ/kg）	爆容 /（L/kg）
1	梯恩梯	1.0	5100	16	255	4100～4564	750
		1.595	6856				
2	黑索金	1.0	5980	24.9	480	5146～6322	900
		1.796	8741				
3	泰安	1.77	8600	24	550	5795～6322	823
4	奥克托今	1.877	9010	24	486	5594～6197	927

思 考 题

1. 工程爆破对工业炸药有哪些基本要求？
2. 起爆药与猛炸药有什么分别？
3. 工业炸药按照使用条件可以分成哪几类？
4. 铵油炸药分为哪几种？简述其主要用途是什么？
5. 什么是硝铵类炸药？工程上常用的硝铵类炸药有哪几种？
6. 何为乳化炸药？其与水胶炸药的区别是什么？
7. 煤矿许用炸药有哪些特点？

第4章 爆破网路

4.1 起爆方法

利用起爆器材起爆工业炸药所采用的理论技术及工艺方法的总和称为起爆方法，也称起爆技术。

爆破网路，又称起爆网路，是指向装药发出、传输、控制起爆信息和起爆能量的系统，由起爆电源（起爆器）、主线、爆区网路组成。

在工程爆破中，工业炸药依靠爆炸冲能起爆。直接起爆工业炸药的方法有两种：一是通过工业雷管爆炸起爆，二是用导爆索爆炸起爆，而导爆索本身需要先用雷管引爆，如图4-1所示。

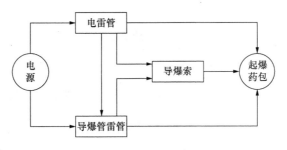

图4-1 起爆方法系统图

火雷管起爆法是利用导火索传递火焰引爆雷管再起爆炸药的一种方法，又称火花起爆法。火花起爆法出现时间最早，也是一种操作与技术最为简便的起爆方法。

在雷管起爆方法中，按雷管的点燃方法不同，可以分成电雷管起爆法和导爆管雷管起爆法。电雷管起爆法采用电引火装置点燃雷管，故称电力起爆法。导爆管雷管起爆法利用导爆管传递冲击波点燃雷管，也称非电导爆管起爆法。

电磁波起爆法属于无线起爆法。电磁波起爆法由振荡器、环形天线、接收线圈和起爆元件组成，利用振荡器和环形天线将交流电流转换为交变电磁场，接收线圈受感应产生感应电动势，产生交流电流，再通过整流器变成直流电向电容器充电，利用电子开关引爆电雷管。

与雷管起爆法相应，用导爆索起爆炸药的称作导爆索起爆法。

与电力起爆法对应，一般将导爆管起爆法和导爆索起爆法称作非电起爆法。

绝大多数爆破工程都是通过多个药包的共同作用实现的，爆破网路则是通过单个药包的起爆组合向群药包传递起爆信息和能量的网路系统。

根据起爆方法的不同，爆破网路分为电力起爆网路、导爆管起爆网路、导爆索起爆网路三种，后两种起爆网路也称非电起爆网路。在工程实践中，有时根据施工条件及要求采用由上述不同起爆网路组成的混合起爆网路。

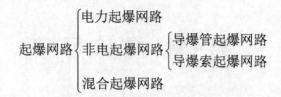

$$
\text{起爆网路}\begin{cases}\text{电力起爆网路}\\[4pt]\text{非电起爆网路}\begin{cases}\text{导爆管起爆网路}\\\text{导爆索起爆网路}\end{cases}\\[4pt]\text{混合起爆网路}\end{cases}
$$

4.2　工 业 雷 管

4.2.1　分类

雷管是一种产生爆炸冲能并引爆炸药的装置。根据工业雷管主装药量的不同划分为4号、6号和8号，爆破中常用的主要是8号工业雷管。雷管的外壳材料由纸质、金属（铁、铜、铝等）制成。工业雷管，按引爆雷管的初始冲能分为六类，见表4-1。常用的是电雷管和导爆管雷管，按延期类别的不同又分为毫秒（MS）、1/4秒（QS）、半秒（HS）和秒（S）四个延期系列。

表 4-1　工业雷管类别

序号	工业雷管类别	延期序列
1	工业火雷管	
2	工业电雷管	毫秒（MS）、1/4秒（QS）、半秒（HS）和秒（S）
3	磁电雷管	
4	导爆管雷管	毫秒（MS）、1/4秒（QS）、半秒（HS）和秒（S）
5	继爆管	
6	其他雷管	

工业雷管根据其电感度有普通感度、钝感、高钝感和特钝感之分，在其特性上有煤矿许用（抗可燃气）、抗水、抗油、抗静电、抗射频、耐温、耐压等区别。

4.2.2　火雷管

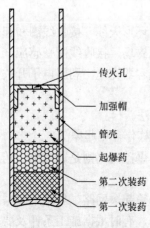

图 4-2　火雷管结构图

火雷管（又称普通雷管）是最简单的雷管，也是其他雷管的基本部分。火雷管依靠导火索发火，火焰通过传火孔点燃起爆药，起爆药在加强帽的作用下迅速完成爆轰，引爆下层猛炸药。火雷管结构见图4-2。

火雷管由以下几个部分组成：

（1）管壳。通常采用金属（铝或铜）材料或纸制成，呈圆管状。管壳一端开口，供插入导火索之用；另一端密闭，做成圆锥形或半球面形聚能穴。

（2）起爆药。又称正起爆药、原发装药，其主要特点是感度高，通常由雷汞、二硝基重氮酚、叠氮化铅制成。

（3）主装药。也称副起爆药、加强药、被发装药，由第一次装药和第二次装药两部分组成，它在起爆药的爆轰作用下起

（图4-2标注：传火孔、加强帽、管壳、起爆药、第二次装药、第一次装药）

爆，通常由黑索金或泰安制成。

（4）加强帽。加强帽是一个中心带小孔的小金属罩。它通常用铜皮冲压制成。加强帽的作用：①减少正起爆药的暴露面积，增加雷管的安全性；②在雷管内形成一个密闭小室，促使正起爆药爆炸压力的增长，提高雷管的起爆能力，还可以防潮。

火雷管于 2008 年被国家禁止生产、销售与使用。

4.2.3　电雷管

1. 结构

电雷管是用电能引爆的一种起爆器材，根据通电后雷管爆炸的时间分为瞬发电雷管和延期电雷管。瞬发电雷管可以认为是由一个电发点火装置和一个普通雷管组合而成，结构分为管壳、加强帽、起爆药和猛炸药和电发点火装置五部分。延期电雷管在电点火装置和加强帽之间增加一个延期体。瞬发与延期电雷管的外观和结构见图 4-3。

秒延期电雷管的延期装置由精制导火索段或在延期体壳内压入的延期药构成，延期时间由延期药的装药长度、药量和配比来调节。

毫秒电雷管的延期装置是延期药，常采用硅铁（还原剂）和铅丹（氧化剂）的混合物，并掺入适量的硫化锑，以调节药剂的反应速度。

延期电雷管根据所延时的单位不同，又分为以秒为单位的秒延期电雷管和以毫秒为单位的毫秒延期电雷管，延期电雷管的系列和时间见附表 A-4。

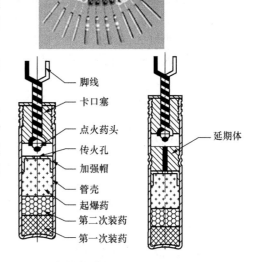

图 4-3　起爆药瞬发电雷管和起爆药延期电雷管

2. 工作原理

电雷管接通电流，桥丝发热后引燃点火药，点火药的燃烧火焰通过传火孔引燃起爆药。延期雷管中点火药直接引燃延期体，再由延期体火焰引燃起爆药，起爆药在加强帽的作用下迅速地由燃烧转为爆轰，从而起爆下方的猛炸药。

根据焦耳-楞次定律，电流通过桥丝产生的热量与桥丝的电阻值、电流强度和通电时间有关。

$$Q = I^2 Rt \qquad\qquad (4-1)$$

式中，Q——电流通过桥丝放出的热量，J；

　　　I——电流，A；

　　　R——桥丝电阻值，Ω；

　　　t——桥丝通电时间，s。

电雷管的电发火系统按照转变电能和点燃引火头的方法不同可分为三类。

第一类：桥丝炽热式点火系统。这是通过桥丝通电发热引起周围与桥丝接触的引燃药发火，有引火头式电引火和桥丝直接插入起爆药中（二硝基重氮酚）引火两种方式；

第二类：导电引燃药炽热式电点火系统。这是由两个电极及导电引燃药组成。引燃药呈滴状黏附在电极上，通过在引燃药中加入金属粉或石墨粉使得引燃药导电。

第三类：火花式电点火系统。这是由两个电极和不导电引燃药组成。电极间距在 0.1～0.5mm 内，通过电极放电而点燃引火药。

3. 主要参数

电雷管的性能参数是依据电雷管的电点燃理论，为确保雷管的安全准爆并进行电爆网路计算来确定的。主要参数有雷管电阻、最大不发火电流、最小发火电流、发火冲能、发火时间、传导时间、爆炸时间和雷管的起爆能力等。

（1）电阻。雷管电阻为桥丝电阻和脚线电阻的总和。它是进行电爆网路计算和检查雷管质量的基本参数。

（2）最大不发火电流。理论上的最大不发火电流是指通电时间不限，不会引爆电雷管的最大电流强度。实测中通常规定通电 5min 不爆炸的最大电流强度为最大不发火电流值。

（3）最小发火电流值。理论值为通电时间不限，能引爆电雷管的最小电流强度称为最小发火电流。实测中规定通电 5min 引爆电雷管的最小电流强度称为实测最小发火电流。以 25 个雷管的实验值为准。

（4）发火冲能。通电时间为 100ms，能引爆电雷管的最小电流强度称为百毫秒发火电流。电流强度等于两倍百毫秒发火电流时的发火冲能值称为标称发火冲能 K_s，用来表示电雷管的电发火性能

$$K_S = \left(2 \times I_{100}\right)^2 t_B \tag{4-2}$$

（5）点燃时间 t_B、传导时间 θ 和爆发时间 τ。

点燃时间 t_B：从通电到引火药被点燃的时间；

传导时间 θ：从引火药点燃到雷管爆炸的时间；

爆发时间 τ：从通电到电雷管爆炸的时间，也称作反应时间。

$$\tau = t_B + \theta \tag{4-3}$$

工业电雷管的电性能指标的要求如表 4-2 所示。

表 4-2 工业电雷管的电性能指标要求（GB 8031—2015）

项目	指标要求			
	普通电雷管、煤矿许用电雷管			地震勘探用电雷管
	Ⅰ 型	Ⅱ 型	Ⅲ 型	
最大不发火电流/A	**≥0.20**	**≥0.30**	**≥0.80**	**≥0.20**
最小发火电流/A	≤0.45	≤1.00	≤2.50	≤0.45
发火冲能/（A²·ms）	≥2.0	≤18.0	80.0～140.0	0.8～5.0
串联起爆电流/A	≤1.2	≤1.5	≤3.5	≤3.5
静电感度*/kV	**≥8**	**≥10**	**≥12**	**≥25**

注：表中黑体为强制性内容。

*静电感度以脚线与管壳间耐静电电压表示。

4.2.4　导爆管雷管

导爆管雷管是指利用导爆管传递的冲击波能直接起爆雷管或延期体雷管，由导爆管和雷管组装而成。导爆管受到一定强度的激发能作用后，管内出现一个向前传播的爆轰波，当爆轰波传递到雷管内时，导爆管端口处发火，火焰通过传火孔点燃雷管内的起爆药（火焰直接点燃延期体，然后延期体火焰通过传火孔点燃起爆药），起爆药在加强帽的作用下，迅速完成燃烧转成爆轰，形成稳定的爆轰波，爆轰波再起爆下方猛炸药，从而引爆雷管。

导爆管雷管主要由导爆管、卡口塞、延期体（延期导爆管雷管）、加强帽、传火孔、起爆药、猛炸药、管壳组成，导爆管雷管瞬发与延期的结构见图4-4。

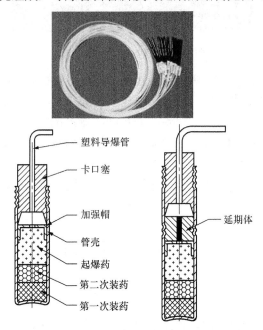

图 4-4　瞬发导爆管雷管和延期导爆管雷管

导爆管雷管按抗拉性能分为普通型导爆管雷管和高强度型导爆管雷管；按延期时间分为毫秒导爆管雷管、1/4秒导爆管雷管、半秒导爆管雷管和秒导爆管雷管。导爆管的延期系列和时间见附表A-5。

4.2.5　工业数码电子雷管

工业数码电子雷管简称电子雷管，即采用电子控制模块对起爆过程进行控制的电雷管。其中电子控制模块置于电子雷管内部，如图 4-5 所示。内置雷管身份信息，其具备雷管起爆延期时间控制和起爆控制功能，能对点火元器件的通电状态进行测试，并能和起爆控制器及其他外部控制设备进行通讯的专用的电路模块。根据延期时间能否由用户修改，将电子雷管分成两个型号：现场重置型和预设置型。前者可应用在爆破现场，在

0ms 到规格型号中标称的延期范围的区间内，以规格型号中标称的最小设定时间间隔为单位，可对延期时间等参数进行设置和重新修改。后者的延期时间在雷管生产过程中由生产企业设定并不可再次修改。

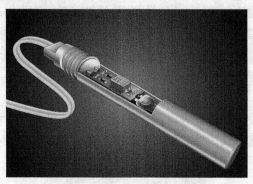

图 4-5　I-KON 电子雷管内部

电子雷管的延期时间调节范围大、误差小、精度高。如澳大利亚 I-KON 雷管延期范围 0～15000 ms，最小延期间隔为 1ms，总延期时间小于 100ms 时，延期精度在 0.2ms 以内；总延期时间大于 100ms 时，误差小于 0.1%。国产的隆芯 1 号电子雷管延期范围为 1～16000ms，最小延期间隔为 1ms，总延期时间小于 100ms 时，延期精度小于 1ms；大于 100ms 时，误差小于 1%。

目前，国内数码电子雷管主要应用于围堰拆除、隧道控制爆破或对爆破振动要求高的工程中。

4.3　电　爆　网　路

4.3.1　网路组成

电爆网路，常称电起爆网路、电爆破网路，由起爆电源、主线、连接线（区域线）和电雷管组成。电爆网路常用的起爆电源有起爆器、照明电、动力交流电源、干电池、蓄电池和移动式发电机等。常用的起爆器是电容式充电器，它是将干电池的低压直流电变成高压直流电对电容器充电，利用电容器放电起爆雷管。

电爆网路中的主线是指起爆电源到爆区之间的电线，连接线是指用来加长雷管脚线并连接相邻炮孔或药室的导线，在大型电爆网路中通常将连接分区与网路主线的导线称为区域线。

在图 4-6 所示的电爆网路图中，雷管等效于电路中的电阻，所以电爆网路图与电路图在形式上一样，电爆网路的连接方式也有串联、并联和混联，通过每个雷管的电流的计算方法与电路相同。

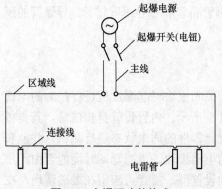

图 4-6　电爆网路的构成

1. 串联电爆网路

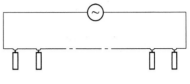

串联电爆网路如图 4-7 所示，串联网路是将所有要起爆的电雷管的两根脚线依次串联成一回路。

串联回路的总电阻 R 为

$$R = R_1 + nR_2 + nr \tag{4-4}$$

图 4-7　串联电爆网路图

式中，R_1——主线电阻，Ω；

　　　R_2——连接线电阻（不计差别），Ω；

　　　r——电雷管的电阻（不计差别），Ω；

　　　n——串联回路中电雷管数目。

串联电爆网路总电流 I 即为通过各个雷管的电流

$$i = I = E / \left(R_1 + nR_2 + nr \right) \tag{4-5}$$

式中，E——起爆电源的电压，V；

　　　i——通过每个雷管的电流，A。

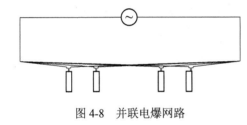

图 4-8　并联电爆网路

2. 并联电爆网路

并联电爆网路典型的连接方式如图 4-8 所示，它是将所有要起爆的电雷管并联到一起，然后连接到主线上。并联电爆网路总阻值 R 为

$$R = R_1 + \frac{R_2 + r}{m} \tag{4-6}$$

式中，m——电爆网路中并联的电雷管数目。其他符号同前。

并联电爆网路总电流 I 为

$$I = \frac{E}{R} = \frac{E}{R_1 + \dfrac{R_2 + r}{m}} \tag{4-7}$$

并联网路中，通过每个电雷管的电流 i 为

$$i = I / m \tag{4-8}$$

3. 混联电爆网路

混联电爆网路是由串联和并联组合起来的网路形式，常用的有串-并联电爆网路、并-串联电爆网路和并-串-并联电爆网路。

1）串-并联电爆网路

串-并联电爆网路是将各支路内的雷管串联，支路间并联组成的电爆网路，如图 4-9 所示，网路连接要求各支路电阻平衡。电路的总电阻 R 为

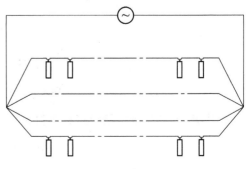

图 4-9　串-并联电爆网路

$$R = R_1 + \frac{n(R_2 + r)}{m} \qquad (4\text{-}9)$$

电路中的总电流 I 为

$$I = \frac{E}{R} = \frac{E}{R_1 + \dfrac{n(R_2 + r)}{m}} \qquad (4\text{-}10)$$

通过每个雷管的电流 i 为

$$i = \frac{I}{m} \qquad (4\text{-}11)$$

2）并-串联电爆网路

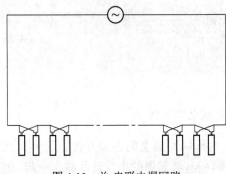

图 4-10　并-串联电爆网路

当一个起爆药包内有两发雷管时，多采用并-串联电爆网路，如图 4-10 所示。网路总电阻 R 为

$$R = R_1 + n\left(R_2 + \frac{r}{2}\right) \qquad (4\text{-}12)$$

此时的 n 为雷管组数，其他符号同前。

并-串联电爆网路的总电流为

$$I = \frac{E}{R} = \frac{E}{R_1 + n\left(R_2 + \dfrac{r}{2}\right)} \qquad (4\text{-}13)$$

通过每个雷管的电流 i 为

$$i = \frac{1}{2}I \qquad (4\text{-}14)$$

3）并-串-并联电爆网路

在规模较大的硐室爆破中，经常使用的网路是并-串-并电爆网路，如图 4-11 所示。

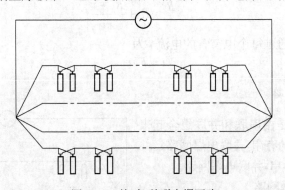

图 4-11　并-串-并联电爆网路

并-串-并联电爆网路网路总电阻 R 为

$$R = R_1 + \frac{n}{m}\left(R_2 + \frac{r}{2}\right) \qquad (4\text{-}15)$$

并-串-并联电爆网路的总电流 I 为

$$I = \frac{E}{R} = \frac{E}{R_1 + \frac{n}{m}\left(R_2 + \frac{r}{2}\right)} \tag{4-16}$$

通过每个雷管的电流 i 为

$$i = \frac{I}{2m} \tag{4-17}$$

4.3.2 准爆条件

实际生产出的每个电雷管的电性能参数是有差异的，特别是桥丝电阻、发火冲能和传导时间的差异，对电雷管的起爆影响很大。为了保证电爆网路中的所有雷管安全准爆，《爆破安全规程》（GB 6722—2014）规定，在一个电爆网路中应使用同一厂家、同一批次的电雷管。同一串联网路中的雷管电阻值相差越小越好，并联网路中各支路的电阻应基本相等，并应满足如下电爆网路的准爆条件。

（1）通过雷管的电流大于雷管的最小准爆电流。

（2）在同一串联网路中，最敏感的电雷管爆炸之前，最钝感的电雷管必须被点燃。即最敏感的电雷管的爆发时间 τ_{min} 必须大于或等于最钝感电雷管的点燃时间 t_{Bmax}。

$$\tau_{min} = t_{Bmin} + \theta_{min} \geqslant t_{Bmax} \tag{4-18}$$

式中，t_{Bmin}——最敏感电雷管的点燃时间，s；

θ_{min}——电雷管传导时间差异范围的最小值，s；

t_{Bmax}——最钝感电雷管的点燃时间，s。

《爆破安全规程》（GB 6722—2014）规定：起爆电源应能保证全部电雷管准爆。流经每个雷管的电流应满足：一般爆破，交流电不小于 2.5A，直流电不小于 2A；硐室爆破，交流电不小于 4A，直流电不小于 2.5A。

电容式发爆器的起爆能力取决于主电容的充电电压和电容量。主电容的放电电流随时间增加按指数规律衰减，而衰减的快慢与电容量和外电阻的大小有关，即

$$i = \frac{U}{R}e^{\frac{-t}{RC}} \tag{4-19}$$

式中，i——电容放电电流，A；

U——电容充电电压，V；

R——放电线路外电阻，Ω；

C——电容量，F；

t——放电时间，s。

电容放电时的输出冲能 K 为

$$K = i^2 t = \frac{U^2 C}{2R}\left(1 - e^{\frac{-2t}{RC}}\right) \tag{4-20}$$

当采用电容式发爆器时，为保证串联电雷管被引爆：①发爆器的输出冲能 K 应大于最钝感电雷管发火冲能；②最钝感电雷管的点燃时间应小于放电电流降到最小发火电流的放电时间。

4.4　导爆管网路

4.4.1　塑料导爆管

塑料导爆管是内壁附有极薄层炸药粉末的空心塑料软管，管壁材料主要是高压聚乙烯，外径为 2.95±0.15mm，内径为 1.40±0.10mm。涂抹在塑料导爆管内壁上的混合粉末通常为黑索金、奥克托金、梯恩梯、泰安、特屈儿等猛炸药和少量铝粉及少量变色工艺附加物组成的混合粉末，每米导爆管药量为 14～18mg，导爆管产品及其结构，见图 4-12 和图 4-13。

图 4-12　导爆管

导爆管可以用雷管侧向引爆，也可以用电火花直接轴向引爆。当导爆管被引爆后，管内产生冲击波，管壁内表面上薄层炸药随冲击波的传播而产生爆炸，所释放出的能量补偿冲击波传播过程中能量的消耗，维持冲击波的温度和压力，保证导爆管内爆炸的稳定传播。导爆管的爆速为 1600～2000m/s。

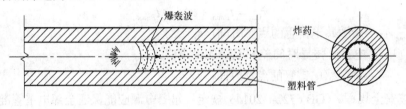

图 4-13　导爆管的结构

导爆管网路的基本元件是导爆管雷管、导爆管及其连接元件，网路形式变化很多。根据导爆管网路所采用的传爆器件，导爆管爆破网路有两种传爆方式：一种是导爆管雷管引爆导爆管的雷管接力方式，另一种是采用连接元件的连接方式。后者在工程中应用最广泛的为四通连接。工程中实际使用的导爆管爆破网路都是这两种传爆方式的变化或组合。

4.4.2　雷管接力网路

雷管可以引爆与其捆绑在一起的导爆管，一发 8 号雷管可以引爆捆绑于其四周的导爆管数目可达 20 根以上，与这些导爆管相连的导爆管雷管又可引爆另外的导爆管或直接引爆装药。网路中使用导爆管雷管引爆导爆管的连接方式称为导爆管雷管接力式爆破网路，简称雷管接力网路。导爆管雷管接力网路的基本连接方式如图 4-14 所示。

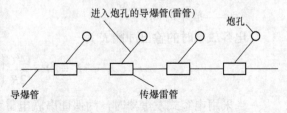

图 4-14　雷管接力网路基本连接方式

导爆管雷管接力网路具有以下特点：

（1）网路连接形式的多样性。一个雷管起爆的导爆管数量从一根到几十根不等，所连接的导爆管可以任意选择，如可以为插入药包内的非电雷管导爆管，也可以为排间延期用的非电导爆管雷管导爆管，还可以为导爆管网路中的导爆管，并且可以为上述导爆管类型的组合。

（2）网路的无限可扩展性。只要起爆的可靠性得到保证，导爆管雷管接力连接方式可以一级接一级地连接并延续下去，爆破网路的规模可以无限扩展，理论上没有任何限制，因此起爆药包（或炮孔）的数目没有限制。

（3）延期时间的累加性。用导爆管雷管接力连接的网路，任意一个药包的起爆时间等于前面网路雷管延期时间之和加上雷管本身的延期时间，即

$$T_n = t_n + \sum_{i=1}^{m} \Delta t_i \tag{4-21}$$

式中，T_n——雷管的起爆时间，s；

t_n——孔内雷管延期时间，s；

Δt_i——第 $i-1$ 孔与第 i 孔之间雷管的延期时间，s；

$\sum\limits_{i=1}^{m} \Delta t_i$——孔外网路中 m 个雷管的延期时间和，s。

网路中任意相邻两个炮孔的延期时间差 Δt 为

$$\Delta t = \Delta t_n + (t_n - t_{n-1}) \tag{4-22}$$

延期时间的累加特性是导爆管雷管接力连接网路最重要的特点，运用此特性，可以通过选择或增加孔间连接雷管来任意调整起爆时差。

在导爆管雷管接力网路中，最重要也是最常用的两种网路是簇联网路和逐孔起爆网路。

1. 簇联网路

簇联网路是将分组炮孔的导爆管各自集中捆绑一起，用引爆雷管引爆，簇联网路的基本连接形式见图 4-15。常用的起爆雷管的连接方式又组成新一层的簇联网路（图 4-16）、簇间雷管接力连接网路（图 4-17）及组成四通网路或用电雷管直接引爆等。

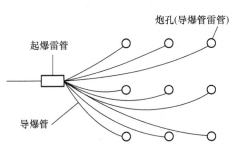

图 4-15　簇联网路的基本连接方式

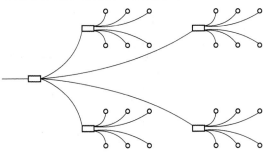

图 4-16　簇联导爆管网路

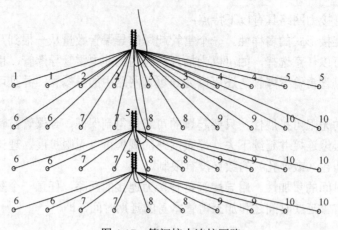

图 4-17　簇间接力连接网路

注：编号为孔内雷管段位。

2. 逐孔起爆网路

顾名思义，逐孔起爆就是每一个孔作为一段起爆，一次爆破有多少孔，就分多少段。实现逐孔起爆的方法主要有三种：

（1）每个孔内都装不同段位的雷管，孔外同时起爆，这是最简单的逐孔起爆方法，但起爆的孔数受雷管段数的限制。

（2）孔内采用不同段位的雷管与孔外不同段位雷管的接力连接，通过孔内雷管的延时和孔外雷管延时的累加组合实现一孔一段。这种方法形式多样，孔外雷管使用和连接灵活、方便，原则上不受雷管段数的限制，缺点是装药和网路连接复杂。

（3）"孔内同段，孔外分段"连接方法，即在孔内装高段位的同一段雷管，孔外用延时雷管接力连接，用孔外的延时实现一孔一段的逐孔起爆。这种方法孔内雷管段别一致，装药方便，孔外连接方式统一，便于操作和网路检查，但对雷管时差和延时精度有较高的要求。

"孔内同段，孔外分段"逐孔起爆网路有两种常见的连接方式：一是主控制排放在同一排孔中，按孔间延时控制，炮孔按排间延时逐列连接，如图 4-18 所示；二是主控制排放在同一列孔中，按排间延时控制，炮孔按孔间延时逐孔连接，如图 4-19 所示。

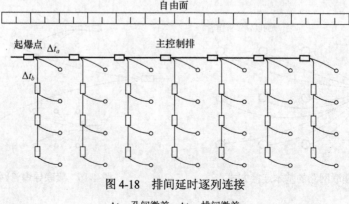

图 4-18　排间延时逐列连接

Δt_a—孔间微差；Δt_b—排间微差

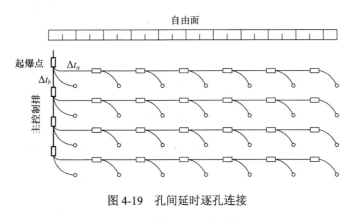

图 4-19 孔间延时逐孔连接

Δt_a—孔间微差；Δt_b—排间微差

4.4.3 四通网路

四通是目前应用最多的导爆管连接元件，形状为一端封闭的筒状结构。从开口的一端可以插入 4 根导爆管，当其中的 1 根导爆管被引爆时，爆轰波通过四通底部封闭端的反射能够引爆其他 3 根导爆管。正是这种爆炸波"从 1 根导爆管进、从 3 根导爆管出"的特性让四通元件完成了由 1 根导爆管爆炸引爆其余 3 根导爆管的过程。

四通网路的基本连接方式如图 4-20 所示。四通网路本身不具备延时功能，在同一个四通连接的网路中孔间的时差取决于孔内雷管的段位，不同四通网路之间的时差通过雷管接力实现。

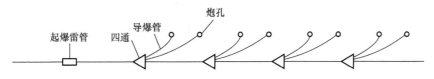

图 4-20 四通网路的基本形式

常用的四通网路有以下几种主要形式。

1. 单向四通网路

单向四通网路，也称简单四通网路，连接方式是用四通将孔内的导爆管雷管顺序连接起来，单向四通网路的基本连接形式如图 4-21 所示。该网路连接简单、方便，但网路只能从起爆点顺序传爆，一旦网路故障传爆中断，后面的网路和雷管将拒爆，网路的可靠性受到影响。

2. 闭合四通网路

将单向四通网路的末端（或中间）用导爆管连接起来就构成了闭合四通网路，如图 4-22 所示。闭合网路具有双向传爆能力，原则上从网路中的任意一点起爆都可使网路全部准爆。

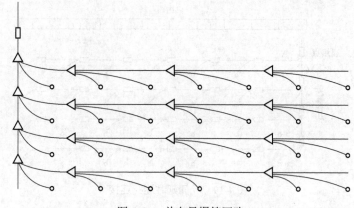

图 4-21　单向导爆管网路

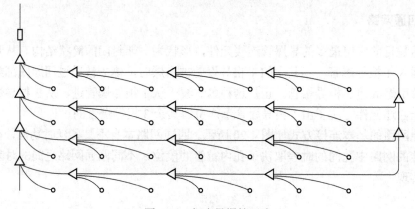

图 4-22　闭合导爆管网路

3. 网格闭合网路

将闭合网路的两端各留出 1～2 根导爆管作为基本网格单元，然后将相邻的网格连接起来就构成了网格闭合网路，网格的基本单元如图 4-23 所示。网格闭合网路将一个大的闭合网路分成了若干相互连接的闭合的网路（单元），或者说将若干个小的闭合网路连接组成了一个大的闭合网路。网路中的每一个节点都能双向传爆，雷管都能接受至少 2 个方向的爆炸波。网路可靠性高，整个网路是网格状、闭合的。网路可以无限扩展，而且雷管的数量没有限制。网格闭合网路的出现是导爆管网路成熟的标志，网格网路的连接形式，如图 4-24 所示。

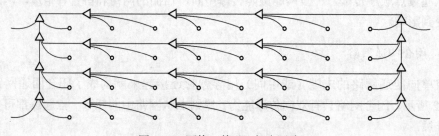

图 4-23　网格（单元）闭合网路

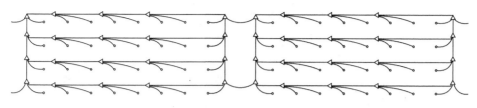

图 4-24 网格闭合网路的连接

4. 模块闭合网路

模块闭合网路是网格闭合网路的发展，将网格单元两端的导爆管直接闭合起来，形成独立的闭合网路模块，用专设的起爆导爆管将所有的网路模块连接起来，即构成模块式闭合网路，如图 4-25 所示。与网格闭合网路相比，模块闭合网路中的每个模块直接闭合，相对独立，网路分区可以灵活划分，模块之间采用主传播导爆管连接或闭合，网路层次清楚，功能定位准确，网路可靠性高，可扩展性强，而且网路规模越大，优势越突出，尤其适合在药包数目较多的拆除爆破中使用，如图 4-26 所示。

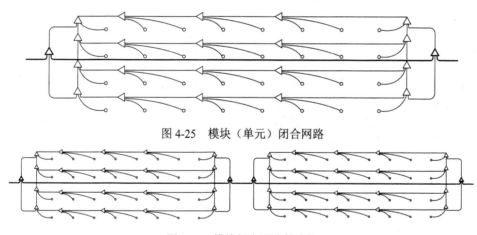

图 4-25 模块（单元）闭合网路

图 4-26 模块闭合网路的连接

4.4.4 混合网路

混合网路泛指两种或两种以上网路形式的组合使用，形式多样。这里仅举几例，使用时可以举一反三。图 4-27 为电爆网路起爆导爆管网路，图 4-28 为四通网路连接簇联网路。

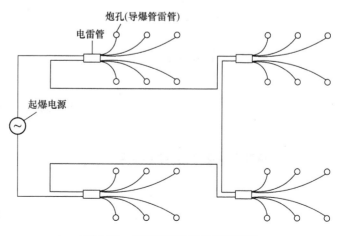

图 4-27 电爆网路起爆导爆管网路

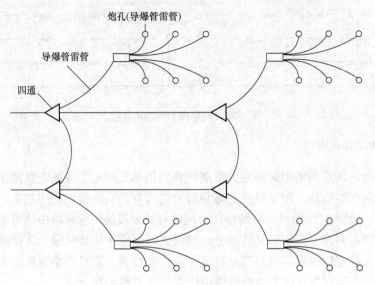

图 4-28　四通网路连接簇联网路

4.5　导爆索网路

导爆索是用单质猛炸药黑索金或泰安作为索芯，用棉、麻、纤维及防潮材料包缠成索状的起爆器材，常用的型号有普通导爆索和安全导爆索。经雷管起爆后，导爆索可直接引爆炸药。导爆索的爆速与索芯药黑索金的密度有关。目前国产的普通导爆索芯药黑索金密度为 $1.2 g/cm^3$ 左右，药量 $12\sim14 g/m$，爆速不低于 $6000 m/s$。

导爆索的传爆有方向性，常用的连接方式有用搭接、扭接、水手接和三角连接等方法（图 4-29），其中搭接应用最多。为保证传爆可靠，连接时两根导爆索搭接长度不应小于 15cm，传爆方向的夹角应小于 90°。

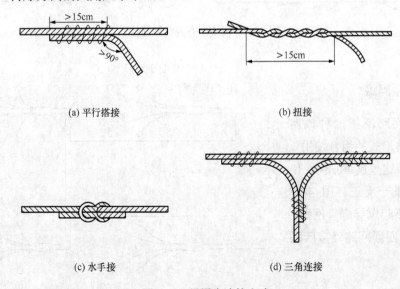

图 4-29　导爆索连接方式

　　导爆索起爆网路由引爆雷管、导爆索和继爆管组成。继爆管是一种专门与导爆索配合使用，具有毫秒延期作用的起爆器材。导爆索与继爆管组合起爆网络，可以借助于继爆管的毫秒延期作用实施毫秒延期爆破。

　　常用的导爆索网路连接方式有开口网路和环形网路，如图 4-30 和图 4-31 所示。

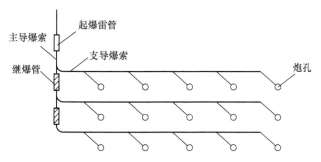

图 4-30　导爆索开口延时起爆网路

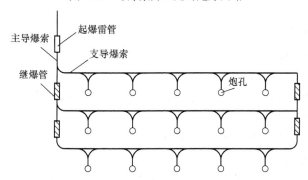

图 4-31　导爆索环形延时起爆网路

　　采用导爆索可以直接引爆导爆管（雷管或网路），导爆索-导爆管混合网路即可利用导爆管雷管实现孔内延时，又可使孔外的导爆管网路大为简化，如图 4-32 所示。导爆索与导爆管应垂直连接，连接形式可采用绕结或 T 形结，如图 4-33 所示。

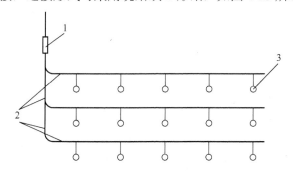

图 4-32　导爆索引爆导爆管的连接方法

1. 起爆雷管；2. 导爆索；3. 炮孔（导爆管雷管）

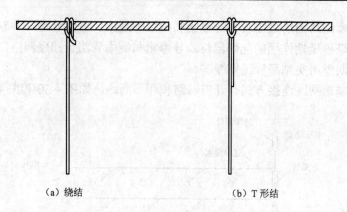

（a）绕结　　　　　　　　　　（b）T 形结

图 4-33　绕结和 T 形结

思 考 题

1. 何为爆破网路？
2. 药包的起爆方式包含哪几种？
3. 工业雷管包含几种？
4. 按照转变电能和点燃引火头的方法的不同，电雷管的电发火系统包含几类？
5. 非电毫秒雷管和毫秒延期电雷管的主要区别？
6. 什么电源可以作为电爆网路起爆电源？
7. 导爆管网路有哪些特点？
8. 电爆网路对使用的电雷管有哪些具体要求？
9. 逐孔起爆的导爆管网路有哪几种？
10. 导爆管与导爆索的爆速是多少？
11. 导爆管与导爆索外观上有何区别？

第 5 章　岩石的爆破机理

5.1　岩石的动态性能

炸药在岩石中爆炸时，爆炸产生的动态冲击荷载作用在岩石上，其压力在极短时间内上升到峰值，其后又迅速下降。荷载的作用时间很短，一般为微秒至毫秒级。

作用在岩石上的爆炸荷载不同于静力荷载，其主要区别为：

（1）静载作用时，岩石内应力场与时间无关，呈静态分布。爆炸荷载作用时，岩石内引起的应力、应变以波的形式在岩石中传播，即岩石内应力场随时间变化，呈动态分布。

（2）静载作用时，岩石内处于静力平衡状态，任一点的作用力之和为零，即 $\sum F = 0$。爆炸荷载作用时，岩石内处于动力平衡状态，任一点的作用力之和等于该质点的惯性力，即 $\sum F = ma$。

（3）爆炸荷载作用时，岩石的性质对载荷的反应有很大影响，同一装药和爆炸条件在不同的岩石中产生的爆炸荷载是完全不同的。而在静载作用下，当荷载没有超过岩石的强度时，岩石内应力场与岩石性质无关。

通常用应变率（或加载速度）来区分变形的动态与静态，应变率表示单位时间内的应变量

$$\dot{\varepsilon} = \frac{\mathrm{d}\varepsilon}{\mathrm{d}t} \tag{5-1}$$

不同加载速率下的荷载状态如表 5-1 所示。

表 5-1　不同加载速率的荷载状态

应变率	$<10^{-5}$	$10^{-5} \sim 10^{-1}$	$10^{-1} \sim 10^{1}$	$10^{1} \sim 10^{3}$	$>10^{3}$
荷载状态	蠕变	静态	准静态/准动态	动态	超动态
试验加载方式	恒载、蠕变试验机	液压试验机、刚性伺服试验机	压气机加载、落锤试验机	SHPB 装置、冲击加载、炸药爆炸	轻气炮、炸药爆炸
力学特征	惯性力无影响		惯性力影响可忽略	惯性力作用	

研究表明，在动载，尤其是爆炸荷载作用下，岩石的动态性能表现为：

（1）岩石由弹塑性、塑性向脆性转变。

（2）岩石的弹性模量增大。

（3）岩石的强度提高，一般认为动态抗压强度提高大于动态抗拉强度的提高。

图 5-1 为几种常见岩石单轴抗压强度与应变率的试验曲线，其应变率和动态抗压强度的关系为

$$\sigma_d = \sigma_b \mathrm{e}^{q\varepsilon} \tag{5-2}$$

式中，σ_d——岩石的动载单向抗压强度，Pa；

　　　　σ_b——岩石的静载单向抗压强度，Pa；

　　　　q——应力应变线角度的正切值。

　　随着应变率的增加，岩石强度的变化更加复杂，图5-2为大理岩的抗压强度与应变率的关系，随着应变率的增加，极限抗压强度曲线明显分成了三段，三部分曲线不同的倾斜角度代表了加载速度的变化引起的破坏方式的差别。

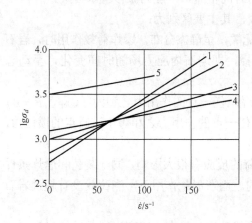

图 5-1　岩石强度和应变率的关系　　　　　图 5-2　大理岩的极限抗压强度和应变率的关系

1. 滑石；2. 大理石；3. 石灰石；4. 砂岩；5. 辉绿岩

　　岩石的抗拉强度与加载速度关系的试验得出了与单向抗压强度类似的结果。但已有的研究结果认为加载速度对抗拉强度影响较小。加载速度与岩石单向抗压强度或抗拉强度的关系可用下式表达

$$\sigma_d = K\lg v + \sigma_b \tag{5-3}$$

式中，σ_d——岩石的动载单向抗压强度，Pa；

　　　　σ_b——岩石的静载单向抗压强度，Pa；

　　　　v——加载速度，m/s；

　　　　K——系数。

　　由于岩石的动态参数测试困难，在许多专业书籍中，多以岩石的弹性波参数作为基础来研究岩石爆破破碎的规律。根据弹性波动理论，只要测得岩石的纵波速度和横波速度，则可计算得到岩石的动态弹性模量等参数。

$$E_d = \frac{c_p^2 \rho (1+\mu_d)(1-2\mu_d)}{1-\mu_d} = \frac{\rho c_s^2 (3c_p^2 - 4c_s^2)}{2(c_p^2 - c_s^2)} = 2c_s^2 \rho(1+\mu_d) \tag{5-4}$$

$$\mu_d = \frac{c_p^2 - 2c_s^2}{2(c_p^2 - c_s^2)} \tag{5-5}$$

$$G_d = \rho c_s^2 \tag{5-6}$$

$$K_d = \rho\left(c_p^2 - \frac{4}{3}c_s^2\right) \tag{5-7}$$

$$\lambda_d = \rho\left(c_p^2 - 2c_s^2\right) \tag{5-8}$$

式中，c_p——纵波波速，m/s；

$\quad\quad c_s$——横波波速，m/s；

$\quad\quad \rho$——岩石密度，kg/m^3；

$\quad\quad E_d$——岩石的动弹性模量，Pa；

$\quad\quad \mu_d$——岩石的动泊松比；

$\quad\quad G_d$——岩石的动剪切模量，Pa；

$\quad\quad K_d$——岩石的动体积模量，Pa；

$\quad\quad \lambda_d$——岩石的动拉梅常数，Pa。

常见岩石的静态强度和动态参数见附表 A-6、附表 A-7。

5.2　岩石的可爆性

　　岩石可爆性（或称爆破性）表示岩石在炸药爆炸作用下发生破碎的难易程度，它是动载作用下岩石物理力学性质的综合体现。

　　爆破的任务是把岩石爆破破碎成一定的块度，堆成一定的形状或移动一定的距离。而岩石是组成地壳的自然材料，其性质多种多样，加上岩体结构对爆破效果的影响，造成有关岩石可爆性的指标数量较多，至今也难以形成一个统一的岩石可爆性指标。

5.2.1　普氏岩石坚固性分级

　　1926 年普洛托基雅可诺夫（М.М.Протодьяконову）提出以岩石坚固性系数 f 为主要判据，即著名的普氏分级法。

　　普洛托基雅可诺夫认为，岩石坚固性是一种抵抗外力的性能，按实质说来，岩石坚固性是一个综合性的概念，岩石坚固性反映各种采掘作业的难易程度。岩石坚固性系数 f 表征的是岩石抵抗破碎的相对值。因为岩石的抗压能力最强，故把岩石单轴抗压强度极限的 1/10 作为岩石的坚固性系数

$$f = \frac{R_c}{10} \tag{5-9}$$

　　f 是个无量纲的值，它表明某种岩石的坚固性比致密的黏土坚固多少倍，因为致密黏土的抗压强度为 10MPa。

　　岩石坚固性系数的计算公式简洁明了，f 值可用于预计岩石抵抗破碎的能力及其钻掘以后的稳定性。根据岩石的坚固性系数（f）可把岩石分成 10 级（附表 A-8），等级越高的岩石越容易破碎。为了方便使用又在第Ⅲ、Ⅳ、Ⅴ、Ⅵ、Ⅶ级的中间加了半级。考虑到生产中不会大量遇到抗压强度大于 200MPa 的岩石，故把凡是抗压强度大于 200MPa

的岩石都归入Ⅰ级。

　　根据Π.И巴隆的研究，按式（5-9）确定的坚固性系数，对软岩偏低，对硬岩偏高，他提出了修正公式为

$$f = R_c / (3 \times 10^7) + \left[R_c / (3 \times 10^6) \right]^{0.5} \tag{5-10}$$

5.2.2　A.H.哈努卡耶夫按波阻抗分级

　　岩石的波阻抗是纵波速度和岩石密度的乘积。它意味着爆破时岩石质点产生单位运动速度时岩石中所能衍生应力的大小。A.H.哈努卡耶夫研究了岩石的波阻抗作为岩石爆破性分级依据，这是研究岩石爆破性的一大进展。因为这种指标可以在现场岩体中测定，并且测试仪器和测试方法比较简单。大量实验研究表明，岩体的波阻抗不仅与岩石的物理力学性质有关，还取决于岩石的裂隙构造特征。附表 A-9 为按波阻抗岩石的可爆性分级表。

5.2.3　Б.H.库图佐夫综合可爆性分级

　　此种分级方法综合了炸药单耗、岩石坚固性和岩体裂隙等多方面因素，并以炸药单耗为主。炸药单耗的标准条件是：台阶高度 10～15m，炮孔直径 243mm，铵梯炸药，爆热 4190kJ/kg。

　　大量统计资料表明，炸药单耗的离差（均方差）和炸药单耗的 2/3 次方成正比

$$\sigma = 0.117q^{2/3} \tag{5-11}$$

式中，σ——炸药单耗统计值的离差，kg/m^3；

　　　　q——炸药单耗，kg/m^3。

　　分布范围的界限由式（5-12）和式（5-13）给出

$$q_u = q + 0.117q^{2/3} \tag{5-12}$$

$$q_d = q - 0.117q^{2/3} \tag{5-13}$$

式中，q_u，q_d——某一级的炸药单耗上下限，kg/m^3；

　　　　q——这一级的炸药单耗分布中心，即平均值，kg/m^3。

　　附表 A-10 列出了岩石 Б.H.库图佐夫岩石可爆性分级。

5.3　岩体中爆炸应力波

5.3.1　爆炸应力波的传播

　　爆炸在岩体中所激起的应力扰动的传播称为爆炸应力波。在冲击载荷作用下，岩体内典型的变形曲线如图 5-3 所示。对应冲击荷载不同的应力值产生不同性质的应力波，由低应力到高应力分别是：

（1）当 $0<\sigma<\sigma_A$ 时，变形模量 $\mathrm{d}\sigma/\mathrm{d}\varepsilon$ 为常数，即线弹性模量为 E。此区段为弹性区，波的传播速度为常数，其速度等于未扰动固体中的声速 c_0，如图 5-4 中的 d 所示。

（2）当 $\sigma_A<\sigma<\sigma_B$ 时，$\mathrm{d}\sigma/\mathrm{d}\varepsilon$ 不是常数，随 σ 增大而减小。因此，高应力处的应力扰动要比低应力扰动的传播速度慢，波头在传播过程中将逐渐变缓。塑性波是以亚音速传播，而低于弹性极限的应力仍以声速传播。如图 5-4 中的 c 所示。

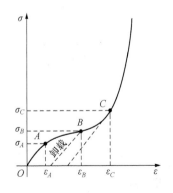

图 5-3　岩石在冲击荷载作用下的变形曲线

（3）当 $\sigma_B<\sigma<\sigma_C$ 时，$\mathrm{d}\sigma/\mathrm{d}\varepsilon$ 将随 σ 增大而继续增大，其波速大于图 5-3 中 $A—B$ 段的塑性波波速，但仍小于 $O—A$ 弹性段的声速。当 $\sigma>\sigma_B$ 时，波头速度增大，赶上塑性波，形成陡峭的波头。但波头速度不是超声速的，是非稳态的冲击波。如图 5-4 中的 b 所示。

（4）当 $\sigma>\sigma_C$ 时，则形成陡峭波头，传播速度达到超声速，为冲击波。如图 5-4 中的 a 所示。

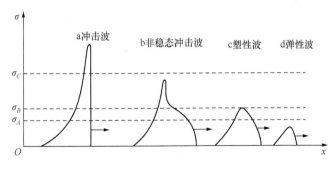

图 5-4　按不同的应力值，在岩体中传播的各种爆炸波

爆炸应力波在距爆炸点不同距离的区段内可表现为冲击波、爆炸应力波和地震波（振动波）。炸药在岩体内爆炸时作用在岩体上的冲击载荷超过图 5-3 中 C 点应力，首先形成的是冲击波，随后衰减为非稳态冲击波，弹塑性波，弹性应力波和地震波，如图 5-5 所示。在离爆源约 3～7 倍药包半径的近距离内，冲击波的强度极大，波峰压力一般都大大超过岩石的动抗压强度，故使岩石产生塑性变形或粉碎。此过程消耗了大部分的能量，冲击波的参数也急剧地衰减。这个距离的范围叫作冲击波作用区。冲击波通过该区以后，由于能量大量地消耗，冲击波衰减成不具陡峻波峰的应力波，波阵面上的状态参数变化得比较平缓，波速接近或等于岩石中的声速，岩石处于非弹性状态，岩石中产生变形，可导致岩石的破坏或残余变形。该区称作应力波作用区或压缩应力波作用区。其范围可达到 120～150 倍药包半径的距离。应力波传过该区后，波的强度进一步衰减，变为弹性地震波，波的传播速度等于岩石中的声速，故此区称为振动区。

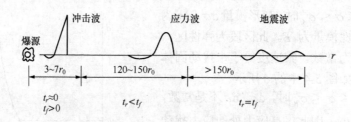

图 5-5 爆炸应力波的传播

t_r—应力增至峰值的上升时间；t_f—由峰值应力降至零时的下降时间；r_0—装药半径

5.3.2 冲击波

爆炸冲击波参数主要指冲击波压力 P、冲击波速度 D、介质质点运动速度 u、内能 E 和压缩比 $\bar{\rho}$。冲击波的传播遵循质量守恒、动量守恒和能量守恒方程。

对于硬岩，在爆炸冲击载荷作用下的本构方程为

$$P - P_0 = B_n\left[\left(\frac{\rho}{\rho_0}\right)^4 - 1\right] \tag{5-14}$$

式中，ρ_0、ρ——介质扰动前后的密度。

相对于介质扰动后的爆炸冲击波压力 P，扰动前的介质压力 P_0 可近似为零，则式（5-14）可改写为

$$P = B_n(\bar{\rho}^4 - 1) \tag{5-15}$$

式中，$\bar{\rho} = \dfrac{\rho}{\rho_0}$，称为压缩比。

岩石中爆炸近区，冲击波系数 B_n 近似为定值

$$B_n = \frac{\rho_0 C_p^2}{4} \tag{5-16}$$

对于大多数硬岩，爆炸冲击波波速 D 和岩石质点运动速度 u 存在下列关系

$$D = a + bu \tag{5-17}$$

式中，a、b——实验常数，如表 5-2 所示，其中 b 为切向应力和径向应力的比例系数。

表 5-2 某些岩石的 a、b 值

岩石名称	密度/（kg/m³）	a/（m/s）	b	岩石名称	密度/（kg/m³）	a/（m/s）	b
花岗岩（1）	2630	2100	1.63	橄榄岩	3000	5000	1.44
花岗岩（2）	2670	3600	1.00	大理岩	2700	4000	1.32
玄武岩	2670	2600	1.60	石灰岩	2600	3500	1.43
辉长岩	2980	3500	1.32	泥质细砂岩	—	520	1.78
钙钠斜长岩	2750	3000	1.47	页岩	2000	360	1.34
纯橄榄石	3300	6300	0.65	岩盐	2160	3500	1.33

В.П.别辽茨基（Беляцкий）等人采用泰安炸药在三种岩石中进行了实验，实测了质点运动速度 u，并且计算了冲击波速度 D、冲击波压力 P、冲击波内能 E 等参数，见表 5-3。

表 5-3　岩石中冲击波的初始参数

岩石名称	密度/(kg/m³)	波速/(m/s)	炸药密度/(g/cm³)	装药直径/mm	质点速度/(m/s)	冲击波速/(m/s)	波头压力/GPa	冲击波能量/kJ	比能/(kJ/m²)	能量传递系数
页岩	1340	1800	0.9	5	675	2670	2.36	2.67	28.5	0.42
石灰岩	2420	3480	0.9	5	410	3550	3.78	3.51	37.5	0.55
大理岩	2840	6275	0.9	5	370	6500	6.54	3.84	41.1	0.66
页岩	1240	1800	1.7	8	1100	3220	4.62	23.3	154	0.73
石灰岩	2420	3480	1.7	8	890	4620	10.58	24.2	160	0.76
大理岩	2840	6275	1.7	8	650	6850	12.00	25.2	175	083

　　冲击波作用范围很小，在传播过程中衰减很快，岩石中冲击波峰值压力衰减与炸药类型、药包形状和岩石特性有关，数学表达式为

$$P = \frac{P_r}{\overline{r}^n} \tag{5-18}$$

式中，P——岩石中冲击波峰值压力；

　　　　P_r——炸药爆炸后岩石界面上的初始冲击波压力，耦合装药时

$$P_r = \frac{1}{4}\rho_e D_e^2 \frac{2\rho_r c_p}{\rho_e D_e + \rho_r c_p}$$

　　　　$\overline{r}$——比距离，$\overline{r} = \dfrac{r}{r_e}$；

　　　　r——与冲击波压力 P 对应点处距爆源的距离，m；

　　　　r_e——药包半径，m；

　　　　n——压力衰减系数，$n \approx 1 \sim 3$。

　　A.H.哈努卡耶夫给出的计算公式为

$$n = 2 \pm \alpha = 2 \pm \frac{\mu}{1-\mu} \tag{5-19}$$

式中，μ 为岩石的泊松比，冲击波传播区取正号，应力波传播区取负号。对于冲击塑性流动区，岩石的泊松比近似有 $\mu = 0.5$，所以 $n = 3$。对于弹性应力波区，不同性质的岩石 $\mu = 0.1 \sim 0.4$，则 $n = 1.35 \sim 1.95$。不同炸药在不同岩石内爆炸时，界面压力与 P_{C-J} 压力之比如表 5-4 所示。

表 5-4　炸药-岩石界面上的压力和不同炸药的 P_{C-J} 压力之比

岩石种类 ＼ 炸药和波阻抗	梯恩梯（TNT）（$\varDelta$=1.0g/cm³　D=4850m/s）	特屈尔（CE）（$\varDelta$=1.0g/cm³　D=3400m/s）	岩石波阻抗/kg/cm²·s
大理岩 A	1.82	1.80	1760
花岗岩 A	1.78	1.75	1720
大理岩 B	1.71	1.68	1700
花岗岩 B	1.62	1.58	1450
玄武岩	1.56	1.52	1280
石灰岩	1.53	1.49	1130
岩盐	1.43	1.40	940
砂岩	1.39	1.37	900
混凝土	1.27	1.19	850
凝灰岩	1.07	1.03	500

5.3.3　应力波

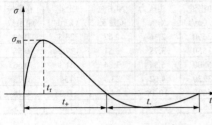

图 5-6　岩石中典型的爆炸应力波形

随着传播距离的增加，爆炸冲击波衰减为压缩应力波。应力波传播过程中能量衰减比冲击波小，衰减较慢。应力波的主要参数有：峰值应力 σ_m（或质点运动速度 v）、上升时间 t_r、正压作用时间 t_+、负压作用时间 t_-、应力波作用时间 $\tau = t_+ + t_-$，岩石中典型的应力波，如图 5-6 所示。

应力波的冲量为

$$I = \int_o^t \sigma(t)\mathrm{d}t = \rho c \int_0^t v(t)\mathrm{d}t \tag{5-20}$$

根据动量守恒定律，在应力波传播过程中，传播方向上的应力 σ、质点速度 v 和波速 c 岩石密度 ρ 之间的关系为

$$\sigma = \rho c v \tag{5-21}$$

岩体中传播的爆炸应力波不仅依赖于炸药的性能，而且与岩石的性质密切相关，装药参数和爆破条件对应力波参数也有很大影响，图 5-7 所示为花岗岩中实测的应力波形。

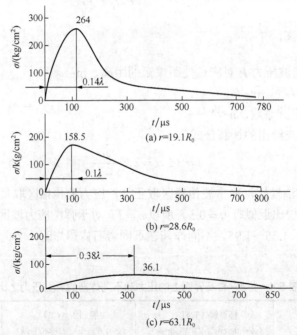

图 5-7　花岗岩中实测的应力波形

（图中曲线为在花岗岩中爆炸 75gNo.6 硝铵炸药时，
在距离炮孔中心 r 处径向应力与时间关系）

试验研究表明：

（1）同一种炸药在不同岩石中（石灰岩、大理岩、花岗岩、辉绿岩）爆破时，在距爆破中心 $20 \sim 120 R_0$ 的范围内，质点运动速度与岩性的关系不大，但由式（5-21）可知，当质点运动速度一定时，岩石的波阻抗越大，岩石中的应力越大。

（2）在同一距离上，岩石越软，应力波的正压作用时间越长，所对应的质点位移量越大。

（3）在同一种岩石中，炸药的爆热越大，岩石的质点运动速度和应力波的正压作用时间越大；如果炸药的爆热相同，则炸药的爆速越高，压力峰值和质点运动速度越大。

一般认为，应力波峰值的衰减具有与冲击波类似的形式，即

$$\sigma_{r\max} = \frac{P_r}{r^\alpha} \tag{5-22}$$

从理论上讲，式（5-22）中的 P_r 应当是冲击波与应力波界面上的压力值，α 值在 $1 \sim 2$ 的范围内，比冲击波的衰减要慢。

应力波传播引起的切向应力可按式（5-23）计算

$$\sigma_\varphi = \sigma_r (1 - 2b^2) \tag{5-23}$$

式中，$b = \dfrac{c_s}{c_p}$，c_s 为横波速度，m/s。

5.3.4 应力波的反射

应力波在岩体中传播，当遇到自由面、层理断层和不同界面时，将发生反射和折射。因入射角度不同可分为正入射和斜入射。正入射时，入射波为纵波，反射和折射也都是纵波。斜入射时，不论入射波是纵波还是横波，反射和折射都要同时产生纵波和横波。

正入射时，入射波、反射波和折射波的应力和质点速度关系为

$$\frac{\sigma_R}{\sigma_i} = \frac{\rho_2 c_{p2} - \rho_1 c_{p1}}{\rho_2 c_{p2} + \rho_1 c_{p1}} \tag{5-24}$$

$$\frac{\sigma_T}{\sigma_i} = \frac{2\rho_2 c_{p2}}{\rho_2 c_{p2} + \rho_1 c_{p1}} \tag{5-25}$$

$$\frac{v_R}{v_i} = \frac{\rho_1 c_{p1} - \rho_2 c_{p2}}{\rho_1 c_{p1} + \rho_2 c_{p2}} \tag{5-26}$$

$$\frac{v_T}{v_i} = \frac{2\rho_1 c_{p1}}{\rho_1 c_{p1} + \rho_2 c_{p2}} \tag{5-27}$$

以入射波为压应力波为例，分析式（5-26）和式（5-27），可得如下重要结论：

当 $\rho_2 c_{p2} < \rho_1 c_{p1}$ 时，反射波为拉伸波，质点运动方向与反射波传播方向相反；

当 $\rho_2 c_{p2} = 0$ 时，即界面为自由面时，入射应力波全部反射为拉伸应力波，自由面上质点速度为入射波质点速度的 2 倍；

当 $\rho_2 c_{p2} > \rho_1 c_{p1}$ 时，反射波为压缩波，质点运动速度与入射波质点运动方向相反，而与反射波运动方向相同；

当 $\rho_2 c_{p2} = \rho_1 c_{p1}$ 时，入射波全部进入界面，不产生反射。

入射波为压应力波时，则折射波必然是压应力波，而与界面两边介质的波阻抗无关，折射的应力或质点速度等于入射波和反射波的应力或质点速度的代数和，即

$$\sigma_T = \sigma_i + \sigma_R \tag{5-28}$$

$$v_T = v_i + v_R \tag{5-29}$$

实际上，这就是正入射时各波在边界上应满足的条件。

5.3.5　动态应力场

在爆炸载荷作用下，岩石中引起的应力状态表现为动态应力场。在爆炸应力波作用的大部分范围内，岩石应力状态可以近似地用应力波理论来分析，即按应力波的传播、衰减、反射和透射规律，计算应力场中各点在不同时刻的应力分布情况，叠加得到任何时刻的应力场及任意单元体的应力状态随时间变化的规律。

当爆炸应力波从爆源向自由面倾斜入射时，在自由面附近某点岩石中产生的应力状态是由直达纵波、直达横波、纵波反射生成的反射纵波和反射横波，横波反射生成的反射纵波和反射横波的动应力状态叠加而成。当入射波为纵波时，如图 5-8 所示，岩体中任一点 A 的应力为三个波所产生应力的合成：由爆源 O 点发出的入射直达纵波产生的应力 σ_{ip}，由反射纵波产生的应力 σ_{rp}，由反射横波产生的应力 σ_{rs}，A 点的合成应力引起的三个主应力为 σ_1、σ_2、σ_3。

图 5-9 所示是自由面反射纵波（P_r）和反射横波（S_r）分别产生的主应力方向。研究表明：①在反射纵波波阵面（P_r）上，主应力方向为垂直波阵面的方向和与波阵面相切的方向；在反射横波的波阵面上，主应力方向和波阵面成 45° 夹角。②在反射纵波的波阵面上（S_r），最小抵抗线处的应力值最大，距离最小抵抗线越远，应力值越小。在反射横波的波阵面上，最小抵抗线处的应力等于零。③自由面对应力极大值的变化产生很大的影响，一般来说在自由面附近所产生的压缩主应力极大值比无自由面时所产生的要大，爆源离自由面越近，拉伸主应力的增长越显著，这意味着自由面附近的岩石是处于拉伸应力状态下，岩石主要靠反射纵波的拉伸应力破坏。

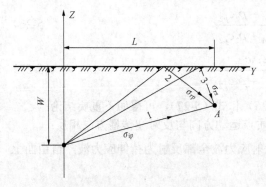

图 5-8　波到达 A 点的应力分析
1. 入射纵波；2. 反射纵波；3. 反射横波

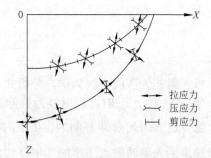

图 5-9　在反射纵波和反射横波波阵面上的主应力的大小和方向

如果将爆生气体与冲击波相比较，从出现的时间上比较，冲击波在前，爆生气体在后；从对岩石的作用时间上比较，冲击波作用时间短，爆生气体作用时间长。尽管爆生气体出现的时间晚，但是，由于它携带巨大的能量和较长的作用时间，在破碎岩石中的作用是不可忽视的。

如果药包靠近自由面，孔壁岩石被高压冲击波压缩和粉碎，炮孔容积被扩大，被密封在炮孔中的爆生气体以准静态压力作用在孔壁上。其力学分析方法是：首先由岩石的应力、应变、位移关系导出爆破微分方程式。再用普通塑性力学方法求解在岩石中各点的主应力 σ_1 和 σ_2 的作用方向，如图 5-10 所示。该应力分布状态与图 5-9 所示的应力分布状态极为相似，不同之处在于爆轰气体压力所引起的主应力 σ_1 常为压缩应力，而主应力 σ_2 并不常为拉伸应力，随距离最小抵抗线超过某一极限距离以后，主应力 σ_2 变为压缩应力。根据图 5-10 所示的主应力作用方向，可以推断在爆轰气体静压的作用下，岩体中产生破坏的裂隙方向。

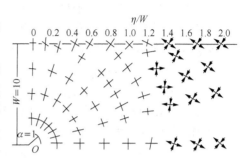

图 5-10 主应力 σ_1 和 σ_2 的作用方向
（η/W 为距药包中心的水平距离与最小抵抗线比值）

5.4 爆 破 作 用

5.4.1 爆破的内部作用

在极短的时间内，药包在无限介质内部爆炸时迅速转化为气体状态的爆炸产物，由于膨胀作用体积增加数百倍，压力高达几万兆帕，温度达 2000～5000℃，冲击波速度高达每秒数千米。这种极其巨大的爆炸能在爆炸的同时，自药包中心球面扩展，以动压力的形式传递给周围介质，使介质产生各种不同程度的动力响应与破坏现象，称为爆破的内部作用。

药包在岩体中爆炸后，爆轰波和高温、高压爆生气体迅速膨胀作用在孔壁上。介质直接承受了药包爆炸而产生的巨大的作用力，受到超高压冲击荷载的岩体呈塑性状态或流动状态，在一定区域内坚硬的岩石产生粉碎性破坏，这个区域称为粉碎区。

如果药包周围介质为塑性岩石，则近区岩石被压缩成致密的、坚固的硬壳空腔，在这个区域外面，有一个岩石变形较高的区域，岩石受强烈三向压缩作用，形成一个滑动面的破坏体系，结构产生粉碎性破坏。

由于粉碎区是处于坚固岩石的约束条件下，而且大多数岩石的动态抗压强度都很大，所以粉碎区域一般只能扩展到药包半径的3～5倍。

随着冲击波的向外传播，逐渐衰变为压缩应力波。当应力波的径向压应力值低于岩石的抗压强度时，岩石不会被压坏，但仍能引起岩石质点的径向位移。由于岩石受到径向压应力的同时在切线方向上受到拉应力，而因岩石是脆性介质，其抗拉强度很低，当切向拉应力值大于岩石的抗拉强度时，岩石即被拉断，由此产生了径向裂隙。继应力波之后，爆生气体充满爆腔，以准静压力的形式作用在空腔壁上和侵入应力波形成的径向裂隙中，在此高温、高压、爆生气体的膨胀、挤压及气楔作用下径向裂隙继续扩展和延伸。裂隙尖端处气体压力造成的应力集中也起到了加速裂隙扩展的作用。

受冲击波、应力波的强烈压缩作用，岩石内积蓄了一部分弹性变形能。当压碎区形成、径向裂隙展开、爆腔内爆生气体压力下降到一定程度时，原先积蓄的这部分能量就会释放出来，并转变为卸载波向爆源中心传播，产生了与压应力波方向相反的向心拉应力波，使岩石质点产生向心运动，当此拉伸应力波的拉应力值大于岩石的抗拉强度时，岩石就会被拉断，形成了爆腔周围岩石中的环状裂隙。径向裂隙和环向裂隙的相互交错，将该区中的岩石割裂成块。

一般说来，岩体内最初形成的裂隙是由应力波造成的，随后爆生气体渗入裂隙起着气楔作用，并在静压作用下，使应力波形成的裂隙进一步扩大。在粉碎区域外形成的破裂区范围比粉碎区要大得多。

破裂区以外的岩体中，由于应力波引起的应力状态和爆轰气体压力建立起的准静应力场均不足以使岩石破坏，只能引起岩石质点做弹性振动，这个区域叫做爆破振动区。离爆炸中心越远，振动的幅度越小，直到弹性振动波的能量被岩石完全吸收为止。

岩石爆破的内部作用如图 5-11 所示。以上所述的压缩区、粉碎区、破裂区和振动区之间并无明显的、截然分开的界线，各区的大小与炸药的性质、装药量、装药结构以及岩土的性质有关。

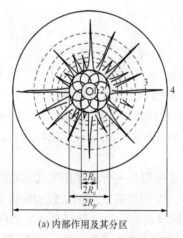 

(a) 内部作用及其分区　　　　　　(b) 有机玻璃内的爆破现象

图 5-11　球形装药在岩体内的爆破作用

1. 扩大空腔；2. 压碎区；3. 裂隙区；4. 震动区；
R_k—空腔半径；R_c—压碎圈半径；R_p—裂隙圈半径

5.4.2　爆破的外部作用

装药在临近自由面的半无限体内爆炸时，在自由面的最小抵抗线方向产生的爆破效应称为爆破的外部作用。其作用过程分析如下：

炸药爆炸后产生爆炸冲击（应力）波，在爆炸冲击（应力）到达自由面以前，爆破作用同无限体内的爆破内部作用完全相同。

当爆炸冲击（应力）波传播到自由面时，会在自由面产生反射拉伸波由自由面向岩体内传播，反射应力波的作用体现在 4 个方面。

（1）使自由面质点运动速度加倍，由于岩石的抗拉强度远低于岩石的抗压强度，自由面的岩石会被拉断，产生层裂效应。

（2）在入射压力波和反射拉伸波的共同作用下，岩石表面会产生径向裂纹并由表面向岩体内传播。

（3）当反射波传播遇到由爆源向外传播的径向裂纹时，裂纹尖端产生应力集中，导致向自由面方向的裂纹加速扩展。

（4）在反射应力波到达爆腔以前，爆腔的发展是对称的圆形，当反射应力波到达爆腔时，导致爆腔向最小抵抗线方向优先发展，逐步呈椭圆形；反射应力波掠过爆腔后，又使爆腔下部和向下发展的裂纹受到抑制。

爆腔内爆生气体的高压膨胀作用使得最小抵抗线方向的岩石运动隆起，产生鼓包运动，当鼓包发展到一定程度时，鼓包破裂，岩石以鼓包破裂时的速度抛掷、回落，形成爆破漏斗。

5.5　爆　破　漏　斗

5.5.1　爆破漏斗的形式

药量为 Q 的药包在距自由面 W 处爆炸，除了将岩石爆破破碎外，还将部分破碎了的岩石抛掷形成一个漏斗状的坑，称为爆破漏斗。爆破漏斗主要几何参数如图 5-12 所示。

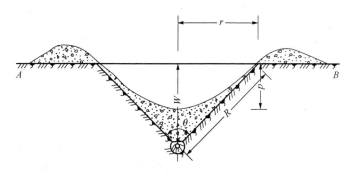

图 5-12　爆破漏斗示意图

W—最小抵抗线，即药包中心到自由面的最短距离，m；r—爆破漏斗半径，m；

R—爆破作用半径，也称破裂半径，m；p—爆破漏斗的可见深度，m；

θ—爆破漏斗角，（°）

爆破漏斗半径 r 和最小抵抗线 W 的比值称为爆破作用指数，一般用 n 表示

$$n = \frac{r}{W} \tag{5-30}$$

根据爆破作用指数 n 值的不同，爆破漏斗有如下四种基本形式，如图 5-13 所示。

（1）标准爆破漏斗，也称标准抛掷爆破漏斗，如图 5-13（a）所示。漏斗半径 r 与最小抵抗线 W 相等，即爆破作用的指数 $n = \dfrac{r}{W} = 1.0$，漏斗的张开角 $\theta = 90°$，形成标准抛掷

爆破的药包称为标准抛掷爆破药包。

（2）加强抛掷爆破漏斗，如图 5-13（b）所示。所形成的爆破漏斗半径 r 大于最小抵抗线 W，即爆破作用指数 $n>1.0$，漏斗张开角 $\theta>90°$，形成加强抛掷爆破漏斗的药包称为加强抛掷爆破药包。

（3）加强松动爆破漏斗，也称减弱抛掷爆破漏斗，如图 5-13（c）所示。所形成的爆破漏斗半径 r 小于最小抵抗线 W，即漏斗张开角 $\theta<90°$，爆破作用指数 $1>n>0.75$。形成减弱抛掷爆破漏斗的药包称为减弱抛掷爆破或加强松动爆破药包。

（4）松动爆破漏斗，如图 5-13（d）所示。松动爆破药包的爆破作用指数 $n\leq0.75$，所形成的爆破漏斗张开角 $\theta<90°$，药包爆破后表面上不形成可见的爆破漏斗，在破碎的岩石表面仅可见浅的爆坑或隆起的爆堆。

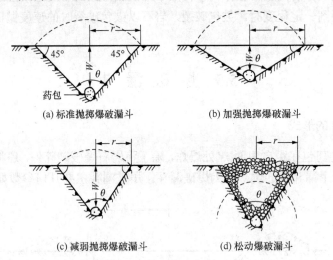

(a) 标准抛掷爆破漏斗　　　　　　　(b) 加强抛掷爆破漏斗

(c) 减弱抛掷爆破漏斗　　　　　　　(d) 松动爆破漏斗

图 5-13　爆破漏斗形式

5.5.2　爆破漏斗的药量计算

水平自由面下单个药包所形成的爆破漏斗，其药量可以用体积公式计算。根据岩石爆破的相似率，在均质岩石中爆破时，药量与爆破后产生的爆破漏斗体积成正比

$$Q = kV \tag{5-31}$$

式中，Q——炸药量，kg；

k——单位体积岩石炸药消耗量，简称单耗，kg/m³；

V——爆破漏斗体积，m³。

在标准抛掷爆破条件下

$$V = \frac{1}{3}\pi r^2 \cdot W \tag{5-32}$$

式中，r——爆破漏斗半径，m；

W——最小抵抗线，m；

V——爆破漏斗体积，m³。

因 $r=W$，故 $V=W^3$，则

$$Q = kW^3 \tag{5-33}$$

此式即为著名的豪泽（Hauser）公式。

一般爆破漏斗的药量常用公式为

$$Q = kf(n)W^3 \tag{5-34}$$

$f(n)$ 称为爆破作用指数函数，最常见的形式为

$$f(n) = 0.4 + 0.6n^3 \tag{5-35}$$

此即著名的集中药包药量计算的鲍列斯科夫（М.М.Боресков）公式

$$Q = k(0.4 + 0.6n^3)W^3 \tag{5-36}$$

5.6　岩石爆破机理

5.6.1　岩石爆破的三种理论

岩石在爆破作用下破坏是岩石与炸药耦合作用下的一个瞬间、复杂的动态过程，爆破时炸药能量主要以两种形式释放出来：一种是冲击（应力）波的传播，一种是爆生气体的膨胀。岩石爆破破碎的主要原因是冲击波拉伸破坏还是爆生气体膨胀压破坏？对这个问题的争论贯穿着爆破理论发展的整个过程。由于爆破过程的高压瞬态性和岩石介质的复杂性，岩石爆破机理远未形成系统的理论。比较流行的岩石爆破机理有下面三种理论。

1. 爆炸应力波作用理论

该理论认为岩石的破坏主要是由于岩体中爆炸应力波在自由面反射后形成反射拉伸波的作用。当炸药在岩石中爆轰时，生成的高温、高压和高速的冲击波猛烈冲击周围的岩石，在岩石中引起强烈的应力波。它的强度大大超过了岩石的动抗压强度，因此引起周围岩石的过度破碎。当压缩应力波通过压碎带以后，继续往外传播，但是它的强度已下降到不能直接引起岩石的破碎。当它达到自由面时，压缩应力波从自由面反射成拉伸应力波，虽然此时波的强度已很低，但是岩石的抗拉强度大大低于抗压强度，拉伸波仍足以将岩石拉断。随着反射波往里传播，"片落"继续发生，一直将漏斗范围内的岩石完全拉裂为止。因此岩石破碎主要是入射波和反射波作用的结果，爆生气体的作用只限于岩石的辅助破碎和破裂岩石的抛掷。

2. 爆炸生成气体膨胀作用理论

该理论认为炸药爆炸引起岩石破坏主要是由于高温高压气体产物对岩体膨胀做功的结果，径向裂隙是岩石破碎的主要方式。药包爆炸后产生的大量高温、高压气体膨胀时所产生的推力作用在药包周围的岩壁上，引起岩石质点的径向位移和自由面附近的岩石鼓包运动，不同径向位移导致在岩石中形成拉伸和剪切应力引起岩石的破裂。

3. 爆生气体和应力波综合作用理论

该理论认为爆生气体膨胀和爆炸应力波都对岩石起作用，岩石的破碎是由冲击波和

爆生气体膨胀压力综合作用的结果，爆炸冲击波（应力波）使岩石产生裂隙，并将原始损伤裂隙进一步扩展。爆生气体加速了裂隙扩展和岩石的运动与抛掷。两种作用形式在爆破的不同阶段和不同波阻抗岩石所起的作用不同，但不能绝对分开。一般认为爆炸冲击波对高阻抗的致密、坚硬岩石作用更大，而爆生气体膨胀压力对低阻抗的软弱岩石的破碎效果更佳。

冲击波作用理论和爆生气体膨胀作用理论是基于对爆破作用的冲击波能和爆生气体膨胀能的不同认识而提出来的，都有一定的理论基础和试验依据。冲击波和爆生气体综合作用理论认为，在爆破破碎岩石上冲击波和爆生气体共同起作用，在对冲击波和爆生气体所起作用大小及在时间和空间的分配上又有不同。

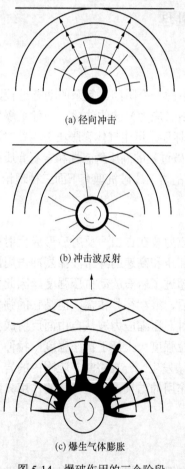

(a) 径向冲击

(b) 冲击波反射

(c) 爆生气体膨胀

图 5-14　爆破作用的三个阶段

5.6.2　爆破作用的三个阶段

岩石爆破的作用过程分为三个阶段：

第一阶段为炸药爆炸后冲击波径向压缩阶段[图 5-14(a)]。炸药起爆后，产生的高压粉碎炮孔周围的岩石，冲击波传播在岩石中引起切向拉应力，由此产生的径向裂隙向自由面方向发展。

第二阶段为冲击波反射引起自由面岩石片落[图 5-14(b)]。第一阶段冲击波的压力为正值，当冲击波到达自由面后发生反射时，波的压力迅速降为负值，成为拉伸波。由于岩石的抗拉强度小于岩石的抗压强度，在反射波拉伸应力作用下，初始裂隙得到发展，如果这种拉伸应力足够大，可以导致自由面岩石产生"片落"。

第三阶段为爆生气体的膨胀[图 5-14(c)]。岩石受爆生气体超高压力的影响，在拉伸应力场和气楔的双重作用下，径向初始裂隙迅速扩大，并产生运动和抛掷。

在第一、第二阶段，冲击波的作用使岩石产生许多小裂隙，并可使原有的裂隙扩展，这些裂隙为破坏过程的最后阶段奠定了基础。研究认为：爆炸冲击波能量约为炸药总能量的 5%～15%，爆生气体中含有的总能量超过炸药总能量的 50%。

5.6.3　岩石破坏的五种模式

岩石在爆破过程中受到多种荷载的综合作用，包括：冲击波产生和传播引起的动载荷，爆生气体膨胀应力场和岩石运动位移，岩石破坏引起的应力集中和载荷释放。在爆破的整个过程中，归纳起来岩石有五种破坏模式。

1. 炮孔周围岩石的压碎作用

爆破漏斗研究表明：在岩石中炸药爆炸所产生的冲击波猛烈冲击周围岩石，在岩石中形成强烈的应力波，波峰压力值若超过岩石的动抗压强度，邻近药包周围的岩石被压碎，形成一个粉碎圈。这种过度的粉碎消耗了大量的能量，因此，粉碎圈的厚度不会太大。当药包直径为 4cm 时，粉碎圈厚度一般都不大于 2cm。粉碎圈厚度随着炸药爆轰压力、炸药直径与炮孔直径比值的增加而增加，也随着岩石性质的变化而变化。

2. 径向裂隙作用

当压缩应变波通过粉碎圈以后，峰值压力已不能压碎岩石，但仍能给粉碎圈以外的岩石以强烈的径向压缩，引起岩石质点作径向移动，促使该部分岩石产生径向扩张和切向拉伸应变，如图 5-15 所示。A、B 两点上的岩石质点最初距离为 x mm，受到径向压缩后推移到 C、D 点。C 点和 D 点的距离为（$x+dx$）mm，这就产生了切向拉伸应变 dx/x。如果由岩石质点的径向移动而产生的切向拉伸应力大于岩石的动抗拉强度，在岩石中就会产生径向裂隙。这种裂隙以 0.15～0.4 倍应力波的传播速度向前伸展。当切向拉伸应力衰减到低于岩石的动态抗拉强度时，裂隙便停止继续发展。

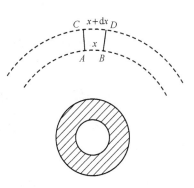

图 5-15　径向裂隙的形成

3. 卸载引起的岩石内部破裂作用

当药包在岩石中爆炸时，原来受压缩应力波和气体膨胀压力强烈压缩的岩石会产生径向扩张。应力波通过后，原来受压缩的岩石由于压力的突然释放，会使岩石作反向的径向移动，由此而产生的径向拉力若超过岩石的动抗拉强度，便会在径向裂隙间的岩石中产生切向裂隙和环向破裂。

4. 反射拉伸波引起的"片落"和引起径向裂隙的延伸

当压缩应力波传到自由面时，产生两种反射波——拉伸波和剪切波，两个波相对能量的大小取决于压缩波的入射角，岩石通常是由反射的拉伸波破坏的。当拉伸应力波超过岩石动态抗拉强度时，就会从自由面方向将岩石拉断，形成片落。反射拉伸波与径向裂隙尖端的应力场相互作用也会引起自由面方向径向裂隙的大量延伸，如图 5-16 所示。

5. 爆生气体产生的裂隙

炸药在岩石中爆炸，爆生气体压力在炮孔周围产生一个动态力场，在径向裂隙形成时，爆生气体的气楔作用和裂隙尖端上的应力集中加速了裂隙的扩展，在岩石表面由于岩石移动也会产生径向裂隙，如图 5-17 所示。

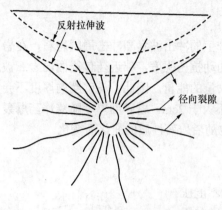

图 5-16　径向裂隙与反射拉伸波相互作用

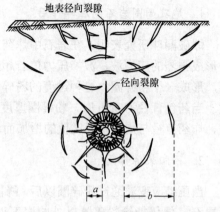

图 5-17　爆破作用范围示意图

a—粉碎圈环宽；*b*—压裂圈环宽

5.6.4　岩石爆破机理的定性描述

（1）炸药爆轰后所产生的能量以两种方式传递给岩石。一种是冲击波能，占炸药爆炸总能量的 5%～15%；一种是爆生气体膨胀能，约占 50% 以上。

（2）无限岩石内爆破内部作用，从药包中心向外分为粉碎区、裂隙区和振动区。

（3）临近自由面的爆破外部作用，反射拉伸波可在自由面附近产生岩石"片落"现象，反射拉伸波与径向裂隙的相互作用，加速了自由面方向的径向裂隙的扩展。

（4）岩石的爆破作用过程可分为三个阶段：冲击波径向压缩阶段，冲击波反射阶段和爆生气体膨胀阶段。

（5）在岩石破碎过程中，有五种模式起作用：炮孔周围岩石的压碎作用；径向破裂作用；卸载引起的岩石内部破裂作用；反射拉伸波引起的"片落"和引起径向裂隙延伸；爆生气体产生的裂隙。

（6）就岩石破坏的力学作用而言，爆破产生的主要是拉伸破坏。

5.7　利文斯顿爆破漏斗理论

5.7.1　基本观点

C.W.利文斯顿（Livingston）根据大量的漏斗试验，用 V/Q-Δ 曲线（单位炸药量的爆破体积-深度比曲线）作为变量，科学地确定了爆破漏斗的几何形态。

利文斯顿爆破漏斗理论的基本观点为：炸药在岩体中爆破时，传递给岩石的能量取决于岩石性质、炸药性质、药包重量和药包埋深等因素。当岩石性质一定时，爆破能量的多少取决于药包重量和埋藏深度。在地表深处埋藏的药包，爆炸后其能量几乎全部被岩石吸收。当药包逐渐移向地表附近爆炸时，传递给岩石的能量将相对减少，而传递给空气的能量将相对增加，岩石表面开始产生位移、隆起、破坏以及抛掷。

从传给地表附近岩石的爆破能量来看，药包深度不变，增加药包重量；或者药包重量不变而减小药包埋藏深度，二者的效果是相同的。

当药包埋在地表以下足够深时，炸药的能量消失在岩石中，在地表观察不到损坏，此时称为弹性变形带。如果药包重量增加或者埋深减小则地表的岩石就可能发生破坏。使岩石开始发生破坏的埋深称为临界深度（L_e），而在临界深度的炸药量称为临界药量（Q_e）。

当药量不变，继续减小药包埋深，药包上方的岩石破坏就会转变为冲击式破坏。漏斗体积逐渐增大。当体积 V 达到最大值时，冲击式破坏的上限与爆破时炸药能量利用的最有效点相吻合，即为冲击破裂带的上限，此时药包能量充分被利用，药包的埋深称为最佳深度（L_j），与最大岩石破碎量相对应的炸药量称为最佳药量（Q_0）。

当药包埋深进一步减小时，爆破能量超出达到最佳破坏效应所要求的能量，岩石的破坏可划为破碎带和空爆带。

5.7.2　V/Q-Δ 曲线与弹性变形方程

如上所述，当药包埋深由深向浅处移动时，在破碎带及空爆带均有漏斗形成。漏斗体积 V 与药包埋深 L_y 的关系是：L_y 由大变小时，V 由小变大直至最佳深度 L_j 时，V 最大。以 L_j 为转折点，以后 L_y 逐渐变小，V 也相应变小，即曲线是中间高两头低的形状。

为了更全面地表示漏斗的特性，将"单位重量炸药所爆破的岩石体积"V/Q 作为纵坐标，将深度比

$$\Delta = \frac{L_y}{L_e}\ (L_y\ \text{为任意深度})\ \text{作为横坐标,}$$

典型的爆破漏斗的特征曲线 $V/Q-\Delta$，如图 5-18 所示。

弹性变形方程以岩石在药包临界深度时才开始破坏为前提，它描述了三个主要变量间的关系

$$L_e = EQ^{1/3}$$

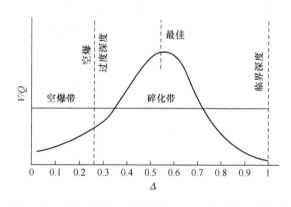

图 5-18　与爆破漏斗有关的爆破 V/Q 与深度比函数关系

（5-37）

式中，L_e——药包临界深度，m；

　　　E——弹性变形系数；

　　　Q——药量，kg。

弹性变形系数对特定岩石与特定炸药来说是常数，它随岩石的变化要比随炸药的变化大一些。

将式（5-37）两边乘以 Δ，可得

$$L_y = \Delta EQ^{1/3} \tag{5-38}$$

最佳药包埋深可用下式确定

$$L_j = \Delta_0 EQ_0^{1/3} \tag{5-39}$$

5.8　最小抵抗线原理

　　工程爆破中，通常将药包中心或重心到最近自由面的最短距离称为最小抵抗线，通常用 W 表示。最小抵抗线 W 需要根据不同爆破形式来进行确定：集中药包最小抵抗线 W 是从药包中心到地面或最近临空面的最短距离，如图 5-19（a）所示；延长药包最小抵抗线 W 则是从药包长度的中心到距该中心最近临空面的最短距离，如图 5-19（b）和（c）所示。

　　爆轰波和爆生气体在岩体中引起的应力在最小抵抗线方向最先传播到自由面并产生破碎效应，使岩石表面在最小抵抗线方向上向外隆起，形成以最小抵抗线为对称轴的钟形鼓包，然后向外抛散。此处岩土体抵抗力最弱，岩土介质运动的初速度最大。抛掷的结果形成爆堆，而爆堆的分布对称于最小抵抗线的水平投影，在最小抵抗线方向上抛掷最远。

　　介质破碎和抛掷、堆积的主导方向，是最小抵抗线方向。这种抛掷、堆积同最小抵抗线的关系称为最小抵抗线原理。

　　基于最小抵抗线原理，如果要求多个药包爆落的岩石向某处集中抛掷堆积，则应尽可能选择和利用凹形地形，合理地布置药包，如图 5-20 所示。如果地形条件不利，可用辅助药包及采用不同的起爆顺序，以改变最小抵抗线方向和爆破抛掷方向，如图 5-21 所示。

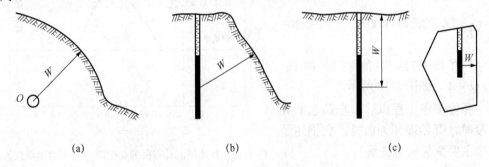

　　　　　　（a）　　　　　　　　　　（b）　　　　　　　　　　（c）

图 5-19　各种爆破方法的最小抵抗线

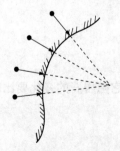

图 5-20　适用于集中抛掷堆积的凹形地形

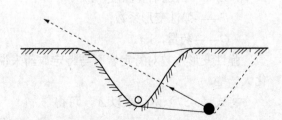

图 5-21　改变最小抵抗线的辅助药包

5.9　影响爆破作用的因素

如果不考虑炸药爆炸时的热化学损失，那么炸药爆炸时的能量分配包括：①克服岩体中的内聚力使岩体粉碎和破裂；②克服岩体中的凝聚力和摩擦力使爆破范围内的岩石从母岩体中分离出来；③将破碎后岩块推移和抛掷；④形成爆破地震波、空气冲击波、噪声和爆破飞石。

影响爆破作用的因素很多，归纳起来主要有炸药性能、岩石特性、爆破条件和爆破工艺。

5.9.1　炸药性能的影响

炸药性能包括物理性能，热化学参数和爆炸性能。其中，直接影响爆破作用及其效果的是炸药密度、爆热和爆速，是它们影响了爆轰压力、爆炸压力、爆炸作用时间以及炸药爆炸能量利用率。

破碎岩石主要靠炸药爆炸释放出来的能量。增加炸药爆热和密度，可以提高单位体积炸药的能量密度，提高炸药热化学参数。爆炸压力的大小取决于炸药爆热、爆温和爆轰气体的体积，一般说来，爆炸压力越高，说明爆轰产物中含有能量越大，对岩石的胀裂、破碎和抛掷的作用越强烈。因此增大密度，采用高威力炸药是提高爆破作用的有效途径。

爆速也是炸药性能的主要参数之一，不同爆速的炸药，在岩石中爆炸可激起不同的应力波参数，从而对岩石的爆破作用及效果有着明显的影响。爆轰压力与炸药的密度的一次方和爆速平方的乘积成正比关系。一般来说，爆轰压力越高，在岩石中激发的冲击波的初始峰值压力和引起的应力以及应变也越大，越有利于岩石的破裂，尤其是对于爆破坚硬致密的岩石来说更是如此。但是，爆轰压力过高将会造成炮孔周围岩石的过度粉碎，消耗大量的能量，因此，必须根据岩石的性质和工程的要求来合理选配炸药的品种。

5.9.2　岩石特性的影响

爆破作用下岩石的破坏主要有两个方面：一是克服岩石颗粒之间的内聚力，使岩石内部结构破裂，产生新鲜断裂面；二是使岩石原生的、次生的裂隙扩张而破坏，前者取决于岩石本身的坚固程度，后者则受岩石裂隙性所控制。因此，岩石的坚固性和岩石的裂隙性是影响岩石爆破性最根本的影响因素，体现在岩石的物理力学性质和岩体结构两个方面。

从力学的观点来看，不同类别的岩石，岩石的密度越高且完整性程度越好，则力学强度越大，越难爆破。塑性岩石受外载作用超过其弹性极限后，产生塑性变形，能量消耗大，将难于爆破；而弹脆性岩石均易于爆破。

岩石的塑性和脆性不仅与岩石性质有关，而且与它的受力状态和加载速度有关。位于地下深处的岩石，相当于全面受压，常呈塑性，而在冲击载荷下又表现为脆性。温度和湿度增加也能使岩石塑性增大。在爆破作用下，岩石的脆性破坏是主要的，靠近药包的岩石，易呈塑性破坏，虽然其破坏范围很小，但却消耗大部分能量于塑性变形上。

哈努卡耶夫认为，岩石波阻抗不同，破坏时所需应力波峰值不同。岩石波阻抗高时，要求更高的应力波峰值，此时冲击波或应力波的作用就显得重要。他把岩石按波阻抗值分为以下三类：

第一类为岩石属高阻抗岩石。其波阻抗为（15～25）×10^{5}g/（cm^2·s）。这类岩石的破坏主要取决于应力波，包括入射波和反射波。

第二类为岩石属低阻抗岩石。其波阻抗小于 5×10^{5}g/（cm^2·s）。这类岩石的破坏，是由爆生气体形成的破坏为主。

第三类为岩石属中阻抗岩石。其波阻抗为（5～15）×10^{5}g/（cm^2·s）。这类岩石的破坏，主要是入射应力波和爆生气体综合作用的结果。

岩体的裂隙，不但包括岩石生成当时和生成以后的地质作用所产生的原生裂隙，而且包括受生产施工、周期性连续爆破作用所产生的次生裂隙。它们包括断层、皱曲、层理、解理、不同岩层的接触面、裂隙等弱面。岩体的结构、裂隙严重地影响着应力波的传播，表现在：①加剧了应力波能量的衰减；②改变了应力波传播方向。

这些弱面对于爆破性的影响有两重性：一方面弱面可能导致爆生气体和压力的泄漏，降低爆破能的作用，影响爆破效果；另一方面这些弱面破坏了岩体的完整性，易于从弱面破裂、崩落，而且弱面增加了爆破应力波的反射作用，有利于岩石的破碎。

当岩体本身包含着许多尺寸超过生产矿山所规定的大块（不合格大块）的结构尺寸时，只有直接靠近药包的小部分岩石得到充分破碎，而离开药包一定距离的大部分岩石，由于已被原生或次生裂隙所切割，在爆破过程中，没有得到充分破碎，在爆破震动或爆生气体的推力作用下，脱离岩体、移动、抛掷成大块。这就是裂隙性岩石有的易于爆破破碎，有的易于产生大块的两重性。

风化作用瓦解岩石各组分之间的联系，因此，风化严重的岩石，易于爆破破碎。

5.9.3　爆破条件、工艺的影响

爆破条件、爆破工艺对爆破作用的影响是多方面的，主要反映在以下几个方面。

1. 自由面的影响

自由面的作用归纳起来有以下三点：

（1）反射应力波。当爆炸应力波遇到自由面时发生反射，压缩应力波变为拉伸波，引起岩石的片落和径向裂隙的延伸。

（2）改变岩石的应力状态及强度极限。在无限介质中，岩石处于三向应力状态，而自由面附近的岩石则处于单向或双向应力状态。

（3）自由面是最小抵抗线方向，应力波抵达自由面后，在自由面附近的介质运动因阻力减小而加速，随后而到的爆生气体进一步向自由面方向运动，形成鼓包，最后破碎，抛掷。

自由面存在有利于岩石破碎，其中，自由面的大小和数目对爆破作用的效果影响更

为明显（见表 5-5）。自由面小和自由面的个数少，爆破作用受到的夹制作用大，爆破困难，单位炸药消耗量增高。

表 5-5　自由面对爆破作用的影响

自由面数目	1	2	3	4	5	6
单位炸药消耗量 $Q/$（kg/m^3）	1.0	0.83	0.67	0.50	0.33	0.17
单位炸药岩石爆破量 $V/$（m^3/kg）	1.0	2.3	3.7	5.7	6.5	8.0

2. 装药结构的影响

炸药在炮孔中的布放方式称为装药结构。沿炮孔的径向可分为耦合装药和不耦合装药，沿炮孔的轴向可分为连续装药和间隔装药，如图 5-22 所示。

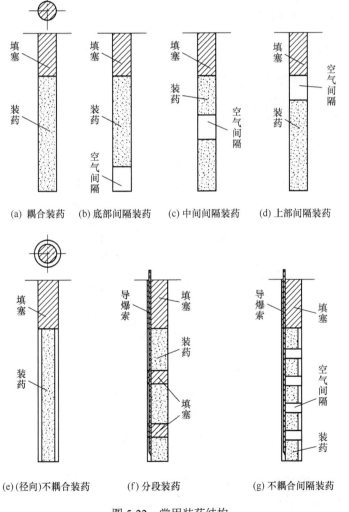

(a) 耦合装药　　(b) 底部间隔装药　　(c) 中间间隔装药　　(d) 上部间隔装药

(e) (径向)不耦合装药　　(f) 分段装药　　(g) 不耦合间隔装药

图 5-22　常用装药结构

理论和实践研究表明，装药结构的改变可以引起炸药在炮孔方向的能量分布，从而影响了爆炸能量的有效利用率。若将间隔装药看成是轴向不耦合装药，则可将装药结构简单的分为耦合装药和不耦合装药。不耦合装药降低了作用在孔壁的峰值压力，增加了应力波的作用时间，减少了炮孔周围岩石的过度粉碎，有利于提高炸药能量的利用率。

3. 填塞的影响

填塞的影响是指填塞材料、填塞长度和填塞质量的影响，填塞物作用在于：①阻止爆轰气体的过早逸散，使炮孔在相对较长的时间内保持高压状态，能有效地提高爆破作用。②良好的填塞加强了它对炮孔中的炸药爆轰时的约束作用，降低了爆生气体逸出自由面的压力和温度，提高了炸药的热效率，使更多的热能转变为机械功。③在有沼气的工作面内，填塞还能起阻止灼热固体颗粒（例如雷管壳碎片等）从炮孔内飞出，有利于安全。

填塞物的阻力主要靠填塞物的性质和与孔壁的挤压摩擦力，因此填塞的影响是由填塞材料、填塞长度和填塞质量共同决定的。

4. 起爆点的影响

孔内装药起爆点的位置决定着炸药起爆以后爆轰波的传播方向，也决定了爆炸应力波的传播方向和爆轰气体的作用时间，所以对爆破作用产生一定的影响。

根据起爆点在炮孔中被安置的位置不同，起爆方式分成三种：正向起爆、反向起爆和多点起爆。图 5-23 所示为正向爆破和反向爆破应力传播方向示意图。

实践证明，多数情况下，反向起爆增加了应力波的作用和爆轰气体静压的作用时间，能提高炮孔利用率，减小岩石的块度，降低炸药消耗量和改善爆破作用的安全条件。

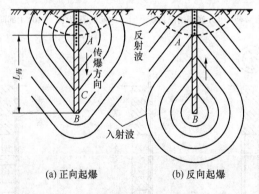

图 5-23　不同起爆点应力波传播方向

思　考　题

1. 爆炸荷载与静荷载有哪些区别？
2. 岩石的动态性能有哪些？
3. 何谓岩石可爆性？简述其可爆性分级在爆破工程中的作用。
4. 请描述爆破的外部作用与内部作用。

5．什么是应力波？什么是爆炸应力波？

6．自由面对爆破应力波的传播有何影响？

7．爆破漏斗有哪几种基本形式？

8．岩石爆破分成哪三个阶段？

9．简述岩石爆破中岩石破坏的五种模式。

10．什么叫自由面？它与爆破效果有什么关系？

11．简述利文斯顿爆破漏斗理论。

12．根据起爆点在炮孔中的不同位置，采用哪种起爆方式相对更好一些？请说明原因。

13．炮孔中的填塞有哪些作用？

14．装药结构有哪几种？不耦合装药与耦合装药相比有哪些优点？

15．简述影响岩石爆破作用的因素。

16．请对岩石爆破的机理进行定性的描述。

17．不考虑炸药爆炸时的热化学损失，炸药爆炸时的能量应如何分配？

第6章 地下爆破

6.1 概 述

地下爆破系指在地表以下岩体内部的空间开挖、矿床资源开采而进行的爆破作业，广泛应用于地下矿山采掘、交通隧道、水利水电洞室、各种民用洞库和军事地下工程施工。不同的地下工程需要采用不同的爆破开挖方法和技术工艺。

岩石巷道、立井和隧道的掘进工艺有传统的钻爆法和机械开挖掘进机法。

钻爆法又称矿山法，是以钻孔和爆破破碎岩石为主要工序的井巷掘进施工方法，钻爆法对地质条件适应性强，开挖成本低，是岩石巷道掘进的主要手段，特别是在岩石坚固性系数 $f > 6$ 的坚硬岩石中，钻爆法是最为经济和有效的掘进方法。

钻爆法施工的主要作业工序有：钻孔、（装药、连线）爆破、装岩、运输（提升）、支护，辅助工序是通风和排水。钻孔爆破是井巷掘进循环作业中的一个先行和主要工序。

巷道（包括平巷、平硐、斜巷、斜井、上山、下山）掘进爆破的任务是将岩石按设计的深度和断面安全高效地进行爆破，并尽可能减少对巷道围岩损伤及其对稳定性的影响。由于爆破只在一个自由面的条件下进行，岩石的夹制作用大，爆破岩石条件差，爆破规模及其效果受巷道断面尺寸的限制。

巷道爆破工作面上的炮孔布置如图 6-1 所示，按其位置和作用的不同主要分为掏槽孔、崩落孔和周边孔三大类，有时增加辅助孔。

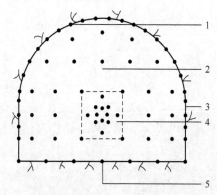

图 6-1　平巷爆破炮孔布置及名称

1. 顶孔；2. 崩落孔；3. 帮孔；4. 掏槽孔；5. 底孔

掏槽孔的作用是在一个自由面（即工作面）的情况下首先爆出一个槽腔，为其他炮孔的爆破增加一个自由面和提供岩石膨胀补偿的空间，减小其他孔岩石爆破的夹制作用，创造有利的爆破条件。

辅助孔布置在掏槽孔周围，作用是进一步扩大掏槽孔爆出的槽腔。

周边孔又称轮廓孔，是最外一圈沿巷道周边布置的炮孔，作用是控制巷道断面形成轮廓，使爆破后的巷道断面、形状和方向符合设计要求。按其所在位置，又可分为顶孔、帮孔、底孔和底角孔。

崩落孔是指掏槽孔和周边孔之间的所有炮孔，作用是利用掏槽孔所创造的自由面大量破碎和崩落岩石。

铁路、公路交通等隧道爆破与矿山巷道掘进爆破原则基本相同，但隧道断面尺寸大，爆破中更加重视对围岩的保护。隧道开挖常用方法有全断面法、台阶法、CD 法、CRD 法、双侧壁导坑法和中导洞超前预留光爆层法。为适应大断面隧道爆破施工的要求，隧道爆破各部位的炮孔有比一般巷道更加细致的划分，一般隧道炮孔的名称位置如图 6-2 所示。

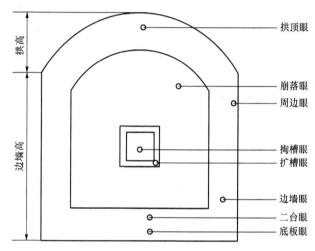

图 6-2 隧道爆破各部位炮孔名称

立（竖）井井筒施工是地下矿井建设的关键工程，包括普通立（竖）井施工、暗立（竖）井（盲井）施工、井筒延伸施工和反井施工。立井掘进爆破工作面上的炮孔分为掏槽孔、崩落孔（习惯上也称辅助孔）和周边孔。

6.2 掏 槽 爆 破

6.2.1 掏槽形式

井巷（包括隧道）掘进爆破效果取决于掏槽爆破效果，掏槽孔的炮孔利用率决定了井巷掘进的炮孔利用率，因此合理地选择掏槽方式及其爆破参数，使岩石完全破碎并抛掷出来以形成槽腔，是决定井巷爆破效果的关键。

巷道掏槽方式的选择，主要决定于巷道断面大小、岩石性质、岩层地质条件和循环进尺要求等，在平巷掘进中常用的掏槽方式，按掏槽孔的方向可分为斜孔掏槽、直孔掏槽和混合掏槽，斜孔掏槽和直孔掏槽的特点见表 6-1。

表 6-1　斜孔掏槽和直孔掏槽对比表

名称	斜孔掏槽	直孔掏槽
特点	掏槽孔与工作面按一定角度斜交的布置	掏槽孔垂直于工作面，互相平行布置，并有不装药的空孔
常见形式	单向掏槽、锥形掏槽、楔形掏槽、复式楔形掏槽	平行龟裂掏槽、角柱掏槽、螺旋掏槽
优点	适用于各类岩层的爆破，掏槽效果好； 槽腔体积较大，能将槽腔内的岩石全部或大部抛出，形成有效的自由面，为崩落孔爆破创造有利的破岩条件； 槽孔的位置和倾角的精确度对掏槽效果的影响较小	炮孔垂直于工作面，炮孔深度不受巷道断面限制，便于进行中深孔爆破； 掏槽参数可不随炮孔深度和巷道断面改变，只需调整装药量； 易于实现多台钻平行作业和采用凿岩台车钻孔，有利于施工机械化； 爆堆集中而有利于装岩；抛掷距离小，不易崩坏设备
缺点	钻孔的角度在空间上难以掌握，多台钻机同时作业时互相干扰较大； 斜孔掏槽深度受巷道掘进宽度的限制； 掏槽参数与巷道断面和炮孔深度有关； 爆堆分散，岩石抛掷距离较大	炮孔数目多，使用雷管的段数多； 装药量大，炸药消耗高，掏出的槽腔体积较小； 槽孔的间距较小，对槽孔的间距和平行度要求高； 在有瓦斯和煤尘爆炸危险的掘进工作面使用空孔掏槽爆破，存在着安全隐患

6.2.2　斜孔掏槽

　　单向掏槽由数个向同一方向倾斜的炮孔组成，形式有斜线掏槽[图 6-3(a)]、半楔形掏槽[图 6-3(b)]和扇形掏槽。单向掏槽多在巷道断面内有软弱夹层、层理、节理和裂隙时采用，掏槽孔的位置一般根据软弱夹层所处巷道断面内的位置而定。

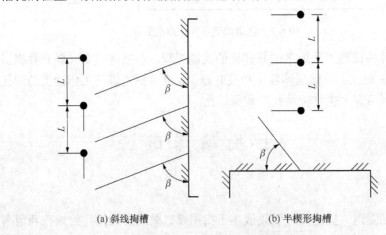

(a) 斜线掏槽　　　　　　　　　　(b) 半楔形掏槽

图 6-3　常用单向斜孔掏槽

　　楔形掏槽由两排（或两排以上）倾斜炮孔对称成楔形布置，爆破后形成一个楔形槽。有水平楔形掏槽和垂直楔形掏槽两种形式之分。除在特殊岩层条件下采用水平楔形槽外（如当工作面的岩层为水平层理时），一般采用垂直楔形掏槽。

　　楔形掏槽孔数依照断面大小及岩石性质而定，一般取 4～8 个，常用的楔形掏槽如

图 6-4 所示，常用楔形掏槽主要参数见表 6-2。岩石越硬，L_2、α 值越小。孔底间距 d=100～200mm，掏槽孔应比其他炮孔超深 200mm。

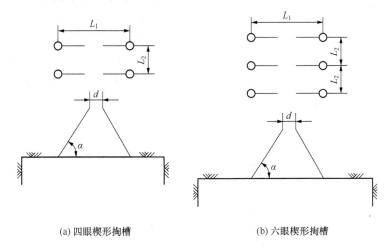

(a) 四眼楔形掏槽   (b) 六眼楔形掏槽

图 6-4 常用的楔形掏槽形式

表 6-2 常用楔形掏槽主要参数

岩石坚固系数 f	炮孔与工作面的夹角/(°)	炮孔间距离 L_2/m	炮孔数目/个	炮孔水平距离 L_1/m
2～6	75～70	0.6～0.5	4	
6～8	70～65	0.5～0.4	4～6	
8～10	65～63	0.4～0.35	6	L_1=2Lcotα+d
10～12	63～60	0.35～0.3	6	
12～16	60～58	0.3～0.2	6	
16～20	58～55	0.2	6～8	

对于较为坚硬难爆的岩石，可采用二级或三级楔形掏槽或多级大楔形掏槽，如图 6-5 所示，楔形掏槽使用循环进尺参考数值见表 6-3。

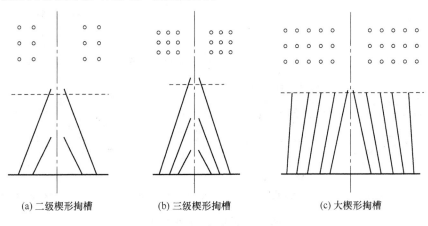

(a) 二级楔形掏槽   (b) 三级楔形掏槽   (c) 大楔形掏槽

图 6-5 多级楔形掏槽

表 6-3　楔形掏槽使用循环进尺参考数值

掏槽形式	单级楔形	二级楔形	三级楔形	多级楔形
中硬岩	1.5～2.0	2.0～3.0	2.5～4.0	>4.0
硬岩	1.2～1.5	1.5～2.5	2.0～3.5	>3.0

锥形掏槽各掏槽孔以相等或近似相等的角度向工作面中心轴线倾斜，爆破后形成锥形槽，锥形掏槽适用于中硬以上（$f \geqslant 8$）坚韧岩石或急倾斜岩层。常用的掏槽根据孔数的不同分为三角锥形和四角锥形，如图 6-6 所示。

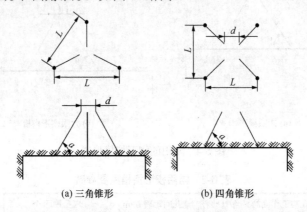

(a) 三角锥形　　　　　　(b) 四角锥形

图 6-6　锥形掏槽炮孔布置图

6.2.3　直孔掏槽

直孔掏槽所有的掏槽孔都垂直于工作面，且互相平行，炮孔间距小，并留有不装药的空孔。其炮孔布置形式很多，按槽腔形状可分为龟裂掏槽、角柱、菱形、五星、螺旋掏槽等。常用直孔掏槽炮孔布置，如图 6-7 所示。

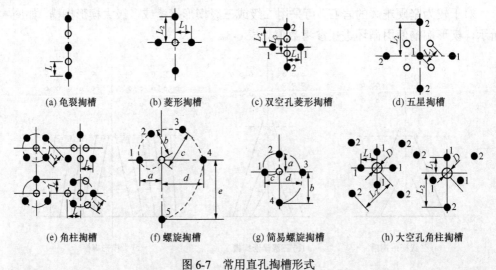

(a) 龟裂掏槽　　(b) 菱形掏槽　　(c) 双空孔菱形掏槽　　(d) 五星掏槽

(e) 角柱掏槽　　(f) 螺旋掏槽　　(g) 简易螺旋掏槽　　(h) 大空孔角柱掏槽

图 6-7　常用直孔掏槽形式

　　直孔掏槽中的空孔是岩石运动的方向和岩石膨胀的补偿空间，装药孔与空孔的距离对掏槽效果影响很大，可以说，孔间距是影响掏槽效果最敏感的参数，理想而成功的掏槽是将孔间的岩石完全破碎并抛掷出槽腔。若孔间距过大，则爆破后岩石仅发生变形而未破碎，或虽破碎但未能抛出槽腔；孔距过小则会使已经破碎的岩石在槽腔内挤实，形成岩石再生而不能抛出槽腔，两种情况都会造成掏槽失败，不同孔间距时的爆破效果，如图 6-8 所示。

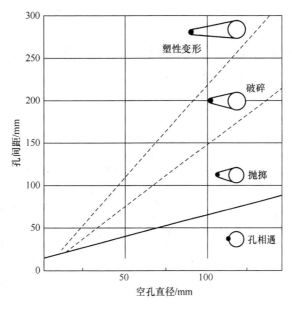

图 6-8　孔间距与空孔直径的关系

　　在考虑破碎岩石完全抛出的条件下，装药孔至空孔距离为

$$A = a + \frac{\phi + d}{2} \tag{6-1}$$

$$a = \frac{\pi}{\lambda}\left(\frac{\phi^2 + d^2}{\phi + d}\right) \tag{6-2}$$

式中，A——空孔中心至装药孔中心的间距，mm；

　　　　ϕ——空孔直径，mm；

　　　　d——装药孔直径，mm；

　　　　a——空孔壁至装药孔孔壁的最小距离，mm；

　　　　λ——与岩石种类、岩性、结构有关的系数（中硬及以下取 1.4～1.9，中硬以上取 1.9～2.2）。

　　兰格福斯提出的装药量计算公式

$$q_l = 1.5 \times 10^{-3}\left(\frac{a}{\phi}\right)^{3/2}\left(a - \frac{\phi}{2}\right) \tag{6-3}$$

式中，q_l——线装药密度，kg/m；

　　　　a——装药孔与空孔之间距离，mm；

ϕ——空孔直径，mm。

岩石的特性及构造是影响掏槽爆破的最主要因素。一般塑性岩石较脆性岩石掏槽困难，脆性岩石且完整性好的岩石，有利于直孔掏槽爆破成功。

在断面较大、岩石较硬的巷道掘进爆破中，为确保掏槽效果，加大槽腔深度和体积，可采用混合掏槽方式。混合掏槽的炮孔布置形式非常多，一般为桶形掏槽和楔形槽相结合的方式，以弥补斜孔掏槽深度不够与直孔掏槽槽腔体积较小的不足。

6.2.4 立井掏槽

立（竖）井掏槽孔围绕井筒工作面的中心布置，按炮孔的角度分锥形和直孔两种形式，常用的立井掏槽形式，如图 6-9 所示。

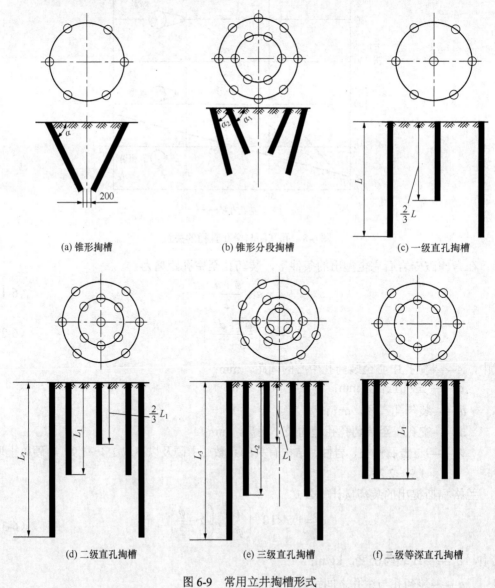

| (a) 锥形掏槽 | (b) 锥形分段掏槽 | (c) 一级直孔掏槽 |

| (d) 二级直孔掏槽 | (e) 三级直孔掏槽 | (f) 二级等深直孔掏槽 |

图 6-9　常用立井掏槽形式

6.3 井巷掘进爆破

除掏槽形式和参数外，井巷掘进爆破主要爆破参数包括：单位炸药消耗量、炮孔直径与装药直径、炮孔深度、抵抗线、炮孔间距和数目，及其在掘进工作面的炮孔布置。合理的钻孔爆破参数不仅要考虑岩层地质条件与巷道施工要求，而且应考虑各参数间的相互关系及其对爆破效果的影响。

6.3.1 单位炸药消耗量

爆破每立方米原岩所消耗的炸药量称为单位炸药消耗量，简称单耗。炸药单耗不仅影响有效进尺、岩石破碎块度、爆堆形状、飞石距离，而且影响巷道轮廓质量、围岩稳定性和材料消耗等，因此合理地确定单耗具有十分重要的意义。炸药单耗的大小取决于炸药性能、岩石性质、巷道断面、炮孔直径和炮孔深度等因素。巷道的炸药单耗的确定主要有两种方法：

（1）用经验公式进行计算，再通过试验进行修正。

（2）依据有关定额选取、工程类比和经验确定。

常用的计算公式有：

（1）修正的普氏公式

$$q = 1.1k_0\sqrt{\frac{f}{S}} \tag{6-4}$$

式中，q——单位炸药消耗量，kg/m^3；

f——岩石坚固性系数；

S——巷道掘进断面积，m^2；

k_0——系数，$k_0=525/p$，p 为爆力，mL。

（2）明捷利公式。除考虑岩石坚固性，断面和炸药爆力外，明捷利还通过大量试验，研究了装药直径、炮孔深度、装药密度对单位炸药消耗量的影响，并在试验基础上提出了下列计算单位炸药消耗量的经验公式

$$q = \left(\sqrt{\frac{f-4}{1.8}} + 4.8 \times 10^{-0.15S}\right)Ck\varphi\, e \tag{6-5}$$

式中，C——考虑装药直径的系数，见表6-4；

k——考虑炮孔深度的系数，见表6-5；

e——炸药爆力校正系数，爆力为 360mL 时，校正系数 $e=1$；

φ——装药密度的校正系数，在通常的装药条件下，$\varphi=0.7\sim0.8$。

表6-4 装药直径对单位炸药消耗量的影响系数 C

装药直径/mm	32	36	40	45
校正系数 C	1.0	0.94	0.88	0.85

表 6-5 炮孔深度对单位炸药消耗量的校正系数 k

炮孔深度/m 岩石坚固系数 f	1.5	2.0	2.5	3.0
3～4	1.0	0.8	0.77	0.91
4～5	1.0	0.8	0.85	—
8～10	1.0	0.9	1.00	—
>10	1.0	1.06	1.11	—

6.3.2 炮孔直径和装药直径

炮孔直径的大小直接影响钻孔速度、工作面的炮孔数目、单位炸药消耗量、爆落岩石的块度和巷道轮廓的平整性。大炮孔直径可使炸药能量相对集中，爆破效果得以改善，但炮孔直径增大将导致钻孔速度下降，并影响岩石破碎质量、硐壁平整程度和围岩的稳定性，直径过小会影响炸药的稳定爆轰。

炮孔直径根据药卷直径和标准钻头直径来确定。当采用耦合装药时，装药直径即为炮孔直径；不耦合装药时，装药直径一般指药卷直径。而装药直径的选择需要考虑如下因素：

（1）对炸药爆轰性能的影响。装药直径不能小于炸药的临界直径，对于工业炸药而言，在临界直径和极限直径范围内增大装药直径，可以提高炸药的爆速、爆压和爆轰的稳定性。

（2）对爆破参数和爆破效果的影响。增大炮孔直径，可以相应地增大装药的最小抵抗线，减少炮孔数目，但抵抗线的增大相应地增加了破碎岩石块度的不均匀性，易产生大块，影响铲装效率。

（3）对钻孔爆破经济技术指标的影响。钻孔直径直接或间接地影响着掘进循环各工序的工时和效率，从而影响掘进速度和成本。

在掘进爆破中，采用的标准药卷直径为 32mm 或 35mm。为使装药顺利，炮孔直径要比药卷直径大 4～7mm，匹配的标准钻头直径为 36～42mm。

为了提高中、小断面岩巷的掘进速度，并适应小直径锚杆孔和周边控制爆破的需求，煤炭矿山进行了"三小"（小直径炮孔、小直径炸药卷、小直径锚固卷）光爆锚喷岩巷掘进爆破技术试验和推广，炮孔直径 32～36mm，药卷直径 27～32mm，取得了较好的巷道掘进综合效果。

采用重型凿岩机和凿岩台车钻孔时，炮孔直径为 45～55mm，采用 40～45mm 直径的药卷进行深孔掘进爆破。

6.3.3 炮孔深度

炮孔深度直接决定着每个循环的进尺量，也就是决定着掘进中钻孔和装岩等主要工序的工作量和完成各工序所需的时间，是确定掘进循环劳动量和工作组织的主要钻爆参数。

影响炮孔深度的因素主要有：岩石的硬度、炸药的性能、巷道断面和凿岩机性能。合理的炮孔深度有助于提高掘进速度和炮孔利用率，随着凿岩、装渣运输设备的改进，有增加炮孔深度，以减少循环次数的趋势。

按任务要求确定炮孔深度

$$L = \frac{L_0}{TN_mN_sN_x\eta} = \frac{l}{\eta} \qquad (6\text{-}6)$$

式中，L——炮孔深度，m；

L_0——巷道掘进全长，m；

T——完成巷道掘进任务的月数；

N_m——每月工作日，一般为 25d；

N_s——每天工作班数，3 或 4；

N_x——每班完成循环数；

η——炮孔利用率；

l——每掘进循环的计划进尺数，m。

按掘进循环组织确定炮孔深度 L

$$L = T_0 / [K_pN / (K_dv_d) + \eta S / (\eta_mP_m)] \qquad (6\text{-}7)$$

式中，T_0——每循环用于钻孔和装岩的小时数；

K_p——钻孔与装岩的非平行作业时间系数，一般小于 1；

N——每循环钻孔总数；

K_d——同时工作的凿岩机台数；

v_d——每台凿岩机的钻孔速度，m/h；

η_m——装岩机的时间利用率；

P_m——装岩机的生产率，m³/h；其他符号同前。

炮孔深度与凿岩机的性能和巷道断面有关，各种坚固系数岩层的炮孔深度与开挖断面的关系如图 6-10 所示。

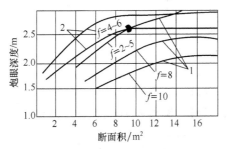

图 6-10 不同岩层炮孔深度与开挖断面的关系

1. 岩层；2. 煤层

6.3.4 抵抗线与炮孔间距

一定直径装药的最小抵抗线不仅与炸药性能和岩石性质相关，还与自由面的大小有关。研究表明：在自由面不受限制的条件下，形成标准爆破漏斗的最小抵抗线为 W，则在自由面宽度 $b=2W$ 时，形成的破碎漏斗已经接近标准爆破漏斗，对于一般的崩落孔（自由面的宽度大于 $2W$ 时），崩落孔的最小抵抗线 W 可用下式计算或参考表 6-6 的经验数值选取。

$$W = r_e \sqrt{\frac{\pi \rho_e \psi}{mq\eta}} \qquad (6\text{-}8)$$

式中，W——崩落孔的最小抵抗线，m；

r_e——装药半径，m；

ψ——装药系数，通常 0.5～0.7；

ρ_e——炸药密度，kg/m^3；

m——炮孔密集系数；

q——单位炸药消耗量，kg/m^3；

η——炮孔利用率，应为 0.85 以上。

表 6-6　崩落孔最小抵抗线 W 参考数值

炸药爆力 岩石硬度系数 f	300～345mL	350～395mL	≥400mL
4～6	0.66～0.72	0.72～0.82	0.82～0.90
6～8	0.60～0.66	0.66～0.72	0.72～0.82
8～10	0.52～0.58	0.62～0.68	0.68～0.76
10～12	0.45～0.55	0.55～0.62	0.62～0.68
12～14	0.44～0.50	0.52～0.60	0.60～0.65
≥14	0.42～0.44	0.45～0.50	0.50～0.60

装药受夹制的程度可用自由面不受限制条件下装药的最小抵抗线与自由面宽度的比值表示，当自由面的宽度 $b<2W$ 时，装药的最小抵抗线与自由面的关系如图 6-11 所示，也可用下列经验公式计算。

$$W_b = \left(d_e \frac{1.95e}{\sqrt{\rho_r}} + 2.3 - 0.027b \right)(0.1b + 2.16) \qquad (6\text{-}9)$$

式中，W_b——夹制条件下装药的最小抵抗线，cm；

d_e——装药直径，cm；

b——自由面宽度，cm；

ρ_r——岩石密度，g/cm^3；

e——炸药爆力校正系数（爆力为 360mL 时，$e=1$）。

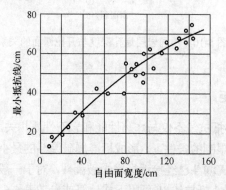

图 6-11　最小抵抗线与自由面宽度的关系

6.3.5 炮孔数目

合理的炮孔数目应当保证有较高的爆破效率（一般要求炮孔利用率85%以上），爆破下的岩块和爆破后的轮廓均能符合施工和设计要求。

炮孔数目的合理确定，主要取决于岩石性质（裂隙率、坚固性系数）、巷道断面尺寸、炸药性能和药卷直径、装药密度、炮孔深度等因素。

炮孔数目可按巷道断面和岩石硬度系数估算

$$N = 3.3\left(fS^2\right)^{1/3} \tag{6-10}$$

式中，N——巷道全断面炮孔总数；

f——岩石硬度系数；

S——巷道掘进断面积，m^2。

也可用明捷利公式计算

$$N = 232\frac{\sqrt{f}S^{0.16}L^{0.19}e}{d_c} \tag{6-11}$$

式中，L——炮孔深度，m；

d_c——炮孔直径，mm；

e——炸药换算系数。

其他符号同上。

炮孔数目的准确值需要在工作面炮孔布置完成后方能确定。

$$N = N_1 + N_2 + N_3 \tag{6-12}$$

式中，N——炮孔数目；

N_1——掏槽孔数目；

N_2——崩落孔数目；

N_3——周边孔数目。

6.3.6 装药量

井巷爆破一个循环的总装药量 Q 为掏槽孔装药量 Q_1、崩落孔装药量 Q_2 和周边孔装药量 Q_3 之和，即

$$Q = Q_1 + Q_2 + Q_3 \tag{6-13}$$

掏槽孔和崩落孔的单孔药量通过装药系数调整，计算公式为

$$Q_i = q_l L \psi \tag{6-14}$$

式中，Q_i——单孔药量，kg；

q_l——每米炮孔的线装药密度，$q_l = \dfrac{1}{4}\pi d_e^2 \rho_e$，$\text{kg/m}$；

ψ——装药系数，见表 6-7、表 6-8。

表 6-7 装药系数 ψ 值

岩石硬度系数 f 装药直径/mm	4～8	9～20
25，27	0.35～0.70	0.65～0.80
32，35	0.40～0.75	0.70～0.80
40	0.40～0.60	0.60～0.70

表 6-8 掏槽孔装药系数表

岩石坚固系数 f	1～3	3～5	5～7	7～9	9～15	15～20
装药系数 ψ	0.50	0.55	0.60	0.65	0.70	0.80

周边孔采用光面爆破时，单孔药量为

$$Q_{3i} = q_{l光}L \tag{6-15}$$

式中，$q_{l光}$——光面爆破孔的线装药密度，kg/m。

6.3.7 爆破说明书与爆破图表

爆破说明书是巷道施工组织设计的一个重要组成部分，是指导检查和总结爆破工作的技术文件。

爆破说明书的主要内容包括：

（1）爆破工程的原始资料，包括掘进巷道的名称、用途、位置、断面形状和尺寸、穿过岩层的性质、地质条件以及瓦斯情况、涌水量等。

（2）选用的爆破器材与钻孔机具，包括炸药、雷管的品种、凿岩机具的型号、性能、起爆电源等。

（3）爆破参数的计算选择，包括掏槽方法、炮孔直径、深度、数目、单位炸药消耗量、每个炮孔的装药量、填塞长度等。

（4）爆破网路的设计和计算。

（5）爆破采取的各项安全技术措施。

根据爆破说明书绘出爆破图表，包括炮孔布置图、装药结构图、炮孔布置参数、装药参数的表格、预期的爆破效果和经济指标。某巷道的爆破参数如表 6-9 所示，图 6-12 为爆破炮孔布置图。

表 6-9 某巷道爆破参数表

炮孔序号	炮孔名称	孔深/m	炮孔数/个	装药量/卷		爆破顺序	起爆网路	装药结构
				每孔	小计			
1	中空孔	2.2	1					
2～5	掏槽孔	2.2	4	6	24	1		
6～12	一阶辅助孔	2.0	7	5	35	2		
13～20	二级辅助孔	2.0	8	5	40	3	串并联	连续 反向 装药
21～23	崩落孔	2.0	13	4	52	4		
37～55	顶部孔	2.0	19	1	19	5		
56～58 34～36	帮孔	2.2	6	2	12	5		

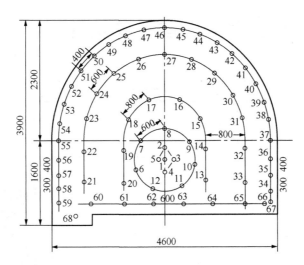

图 6-12 某巷道爆破炮孔布置图（单位：mm）

6.4 光面和预裂爆破

6.4.1 光面和预裂爆破机理

光面爆破，即沿开挖边界布置密集炮孔，采取不耦合装药或装填低威力炸药，在主爆区岩体爆破后起爆，以形成平整轮廓面的爆破技术。

预裂爆破，即沿开挖边界布置密集炮孔，采用不耦合装药或装填低威力炸药，在主爆区爆破之前起爆，从而在爆破区和保留区之间形成预裂缝，以减弱主爆破对保留岩体的破坏并形成平整的轮廓面的爆破技术。

光面爆破和预裂爆破均是轮廓控制爆破的方法，都要求沿周边孔间连线上的裂纹全部贯通，形成规整的开挖轮廓面，可减少超欠挖，降低爆破对围岩损伤，有利于围岩的维护和边坡的稳定，预裂缝的形成降低了爆破振动的传播影响。二者不同之处是：

（1）炮孔起爆顺序不同。光面爆破是主爆区先爆，形成光爆层后光爆孔起爆；预裂爆破是预裂孔先爆，主爆区后爆。

（2）爆破条件不同。预裂爆破时预裂缝基本在岩体内形成，爆破时夹制作用很大，而光面爆破时光爆层外还有一个自由面，在光爆面形成的同时需要将光爆层的岩石爆破破碎下来。

光面爆破和预裂爆破都采用了不耦合装药（图 6-13），理论和试验研究表明：不耦合装药可以降低炮孔压力（图 6-14），减小爆破所产生的裂纹长度和损伤范围（图 6-15）。

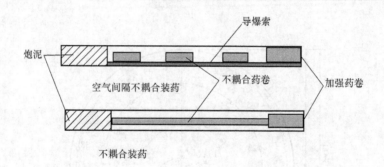

图 6-13　常用不耦合装药结构

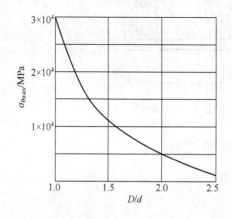

图 6-14　孔壁切向应力与不耦合系数的关系图

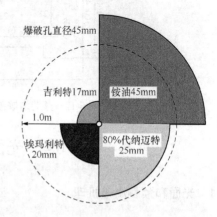

图 6-15　不同装药产生的裂缝范围

炮孔内装药爆破，使爆炸不破坏孔壁而又产生径向裂缝，同时在它附近另有装药炮孔存在，爆炸有可能使两孔连线间的径向裂缝连通起来，这就是预裂和光面爆破成缝的基本概念。20 世纪 60 年代，在工程施工中成功地进行预裂和光面爆破之后，开始了关于预裂和光面爆破机理的研究和模型试验的探讨，同岩石的爆破机理研究现状类似，对于光面和预裂爆破裂缝的机理有多种解释，主要有以下几个方面。

1. 应力波干涉作用理论

该理论认为，如果几个相邻炮孔中的炸药同时爆炸，爆炸应力波以炮孔为中心呈放射状向外传播，一般在其切线方向会产生拉应力。由两个爆破孔出发，沿半径方向扩展的应力波，在两孔连线的中点相会，并产生干扰。应力波干涉作用示意图，如图 6-16 所示，炮孔轴线的连接面成为受拉面，整个拉应力的作用使岩体沿此面断裂。

2. 高压气体作用的理论

该理论认为，爆生气体的作用对预裂爆破和光面爆破成缝的影响更大。在相邻炮孔气体压力共同作用下，两孔之间产生较大的拉应力，两孔连线与孔壁的交点在切线方向产生很大的拉应力集中。切向集中应力在距相邻炮眼较远一侧也发生，而且两孔相距越小和圆孔直径越大时越明显，如图 6-17 所示。因此预裂爆破与光面爆破时岩石的开裂，可认为是由孔壁切向拉应力造成的，由孔壁向中间发展并贯通。

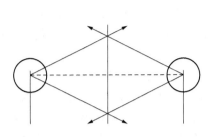

图 6-16 应力波干涉作用示意图

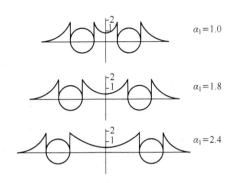

图 6-17 孔间距与裂缝的关系

α_1—孔中心距与孔的直径之间的比值

据以上所述得出以下结论:不论是单孔或是两孔同时起爆,裂缝均能产生,后者更易形成裂缝。应力波不会形成孔间贯穿裂缝,仅能形成潜在的闭合裂缝。对于单孔而言,这些裂隙是无规则的。对于双孔而言,两孔连线方向的裂缝最长,裂缝的贯穿是在气体作用下完成的。裂缝是由孔壁向中间发展的。

3. 爆炸应力波与高压气体联合作用理论

该理论认为,爆炸应力波产生的拉应力形成径向开裂,然后被爆生气体产生的拉应力扩展延伸,当孔间距小到能使气体形成的裂缝连通时,预裂缝便形成了。爆生气体渗入裂缝的"气楔"作用加速了裂缝的扩展,应力波到达相邻孔后,在孔连线方向的孔壁产生拉应力,应力波的径向是压应力。这种应力状态有利于两孔连线成缝,阻碍与连线垂直向裂缝的扩展。

综合作用理论定性地描述了"爆炸应力波由炮孔向四周传播,在孔壁及炮孔连线方向出现较长裂缝,随后在爆生气体作用下,使原裂缝延伸扩大,最后形成平整的轮廓面"的爆破物理过程。在裂缝形成的过程中,应力波的作用过程和高压气体的作用过程,虽有时间的差异,但又是连续的不可分割的。当应力波从孔壁向四周传开后,产生的切向拉应力超过岩石的抗拉强度而使岩石破裂。最初的裂缝出现在从炮孔壁向外的短距离内。由于应力波的叠加作用和两孔的应力集中作用,使得炮孔连线方向出现较长裂缝的几率较其他方向大得多,这些裂缝为轮廓面的形成创造了有利的导向条件。

爆炸高压气体紧接着应力波作用到孔壁上,它的作用时间比应力波要长得多,孔周围形成类动态的应力场,相邻炮孔互相作用,孔中连线方向产生很大的拉应力,孔壁两侧产生拉应力集中。如果孔的间距很近,则炮孔之间连线两侧全部是拉应力区,并达到足以拉断岩石的程度,同时高压气体渗入使裂缝尖端产生"气刃效应"驱动裂缝加速扩展,不仅能保证形成贯通裂缝,还可以使裂缝有一定的宽度。

6.4.2 孔间起爆时差的影响分析

在爆破工程中,由于雷管起爆时差的影响,相邻两孔同时起爆的概率很低,起爆时差是客观存在的,不同起爆时差条件下的裂缝形成机理分析如下:

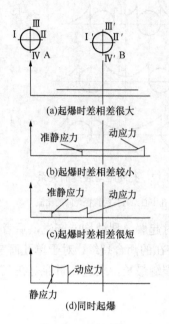

图6-18　相邻炮孔起爆后的相互影响

（1）相邻炮孔起爆时间相差很大，如图 6-18（a）所示，B 孔起爆时 A 孔爆破的应力场已经消失，相当于 A、B 孔各自单独爆破，无论是应力波或准静态应力场都不能产生叠加。炮孔 A 先爆破时，B 孔起空孔作用，B 孔的应力集中作用使得 A 孔周边 AB 方向的裂纹优先扩展，同时 B 孔上的 I′ 和 II′ 点拉应力集中，只要拉应力超过岩石的动态抗拉强度便形成裂缝，以上两种裂缝都是径向裂缝，并沿 AB 连线延伸。B 孔爆破时，A 孔起空孔作用，但 B 孔在 AB 连线方向已有裂缝产生，所以不论是应力波或是气体作用都能促使原有裂缝发展。此方向裂缝的发展，势必阻止其他方向再产生新裂缝或老裂缝的再发展。

（2）相邻炮孔起爆时间相差较小，B 孔爆破时 A 孔爆破作用产生的应力波已经掠过 B 孔，但准静态气体压力仍在起作用，如图 6-18（b）所示。此时，两孔间爆炸应力波不能叠加，但准静态应力场可以叠加。A 孔爆破时，B 孔相当于空孔，B 孔爆破时，A 孔的气体压力正在起作用，其产生的应力波作用和 A 孔的动态气体作用应力场叠加，更加有利于促使 B 孔裂纹形成和向 A 孔方向发展。

（3）相邻炮孔起爆时间相差很短，A 孔爆破后的应力波在到 B 孔之前 B 孔起爆，如图 6-18（c）所示。此时，两孔的爆破应力波有可能在后爆孔附近产生叠加，两孔爆炸产生的准静态应力场发生叠加，叠加的结果使孔间连线方向的裂缝处于有利的发展地位，此方向裂缝的形成和优先发展，将使其他方向裂缝的形成和发展受到限制。

（4）相邻炮孔同时起爆，如图 6-18（d）所示，这是一种最理想的爆破状态，两孔的爆破应力波发生叠加并在其连线中点处相遇，两孔的爆破准静态应力场发生叠加，是促使预裂缝产生、发展及最终形成的最有利状态。

6.4.3　药量计算

光面和预裂爆破的设计原则如下：

（1）炮孔爆炸压力应低于岩石动抗压强度，避免孔壁岩石发生粉碎性破坏。

（2）爆炸压力作用所致环向拉应力应当超过岩体的动抗拉强度，能够形成径向裂纹。

（3）两孔间的裂纹应能可靠地贯通，形成平整的断裂面，对于预裂爆破尚要求裂纹有一定的宽度。

光面和预裂爆破的装药量主要与岩石的强度（主要是抗拉强度）和孔距有关，由于确定岩体动抗拉强度方面尚存在相当的困难，工程设计中主要依据经验参数计算药量，也可参照附表 A-11 选取。

光面爆破的装药量计算一般按照松动爆破药量计算公式确定，光面爆破的线装药密度为

$$q_l = q_光 aW \tag{6-16}$$

式中，$q_光$——光面爆层松动爆破单耗，kg/m^3；

　　　a——光面爆破孔间距，m；

　　　W——光面爆破层厚度，m。

光面爆破的单孔装药量 Q_i 也可采用体积公式来计算

$$Q_i = q_光 V = q_光 aWl$$

式中，l——炮孔深度，m。

光面爆破层厚度一般为炮孔直径的 10～20 倍，光爆孔炮孔密集系数为 0.8～1.0，装药不耦合系数一般选用 2～5。

煤矿巷道常用的光面爆破参数可参照表 6-10 取值。

表 6-10　煤矿巷道常用的光面爆破参数

岩石性质	炸药单耗 /（kg/m³）	炮孔直径/mm	光爆层厚度/cm	密集系数/W	炮孔间距/cm	线装药密度/（kg/m）
硬砂岩 $f=8\sim10$	0.8	38～42	45～50	0.9～1.0	35～50	0.16～0.26
中硬岩 $f=6\sim8$	0.6～0.8	38～42	50～55	0.8～1.0	40～50	0.12～0.18
砂页岩 $f<6$	0.4～0.6	38～42	55～60	0.7～0.9	40～60	0.10～0.16

预裂爆破的装药量计算方法主要分理论计算法和半经验半理论方法。预裂理论计算法中，较有代表性的为 Holms（霍尔姆斯）、费先柯等人提出的方法。国内较常用经验公式的基本形式为

$$q_l = K[\sigma_c]^\alpha [a]^\beta \tag{6-17}$$

式中，q_l——预裂爆破的线装药密度，kg/m；

　　　σ_c——岩石的极限抗压强度，MPa；

　　　a——炮孔间距，m；

　　　K、α、β——经验系数。

根据岩性不同，预裂爆破的线装药密度一般为 200～500g/m（图 6-19）。为克服岩石对孔底的夹制作用，孔底段应加大线装药密度到 2～5 倍。孔间距与岩石特性、炸药性质、装药情况、开挖壁面平整度要求和孔径大小有关，一般为孔径的 7～12 倍，质量要求高、岩质软弱、裂隙发育者取小值。装药不耦合系数一般取 2～5，硬岩取小值，软岩取大值。

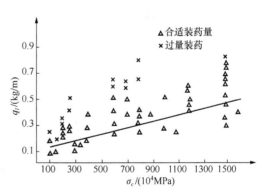

图 6-19　预裂爆破装药量与岩石抗压强度的关系

6.5　某巷道爆破设计

某煤矿巷道开挖断面底宽 5.0m，直墙高为 2.0m，顶部为半圆拱。岩性为弱风化花岗岩，岩石硬而脆，普氏系数为 7，经试爆单位耗药量约为 1.0kg/m³。巷道月掘进计划为

190m，每月施工 28 天，采用三班三循环作业，炮孔利用率为 0.9。采用煤矿许用三级乳化炸药，药卷直径为 32mm，长度为 200mm，单卷重 0.2kg。

6.5.1 工艺分析

（1）巷道断面岩性为弱风化花岗岩，可采用一次成型，倾斜掏槽方式。

（2）对周边孔应采用光面爆破。

（3）对于倾斜孔掏槽，一般选用小直径钻机，如手风钻，炮孔直径为 40mm。

倾斜掏槽巷道爆破设计如图 6-20 所示。

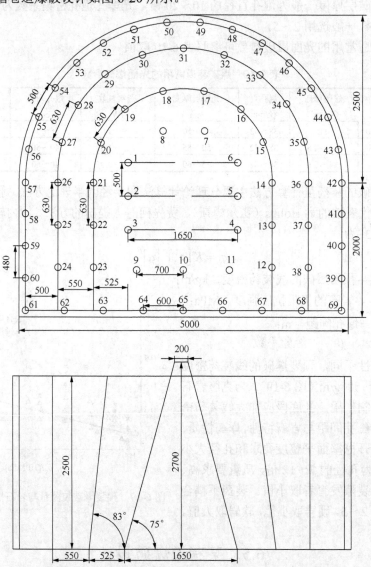

图 6-20 采用倾斜掏槽巷道爆破设计图（单位：mm）

6.5.2　参数设计

采用倾斜掏槽，巷道爆破参数见表 6-11。

表 6-11　采用倾斜掏槽巷道爆破参数表

炮孔名称	孔号	孔深/m	孔距/m	装药量				起爆顺序
				孔数	单孔卷数/卷	总卷数/卷	总装药量/kg	
掏槽孔	1～6	2.7	1.65,0.5	6	9	54	10.8	1
崩落孔	7～23	2.5	0.63	17	3	51	10.2	2
崩落孔	24～38	2.5	0.63	15	3	45	9.0	3
周边孔	39～60	2.5	0.48,0.5	22	1.875	41	8.2	4
底孔	61～69	2.5	0.6	9	3.5	31.5	6.3	4
合计	—	—	—	69	—	222.5	44.5	—

1）循环炮孔深度 l

$$l = \frac{190}{28 \times 3 \times 0.9} = 2.51\text{m} \approx 2.5\text{m}$$

每一循环进尺为 2.5×0.9=2.25m；

掏槽孔要有 0.15～0.25m 的超深，这里取 $l_{超}$=0.2m，因此 $l_{槽}$=2.7m；

崩落孔和周边孔孔深 2.5m。

2）掏槽孔设计

根据岩石性质，依据表 6-2 选用楔形 6 孔掏槽，倾斜角度 α=75°，上、下两对炮孔间的距离为 L=0.5m，孔底距离为 0.2m，掏槽孔炮孔长度 $L_{槽}$

$$L_{槽} = \frac{l_{槽}}{\sin\alpha} = \frac{2.7}{\sin 75°} = 2.8\text{ m}$$

掏槽孔孔口水平距离 B

$$B = 2c + b = 2 \times \frac{2.7}{\tan 75°} + 0.2 = 1.65\text{m}$$

3）周边孔设计

查表 6-10，光爆层厚度取 50cm。

底孔设计：底孔距离设计断面底板轮廓线 0.1m，断面底宽 5m，则底孔布置取 $E_{底}$=0.6m（底孔均匀布置），共 9 个。

帮孔设计：帮孔距离设计断面边帮轮廓线 0.1m，直立边帮高 2m，则帮孔布置取 $E_{帮}$=0.48m（帮孔均匀布置在直立边帮内侧），两帮共 8 个。

顶孔设计：顶孔孔口布置在距离顶部设计轮廓线以下 0.1m，半圆顶弧长约 7.5m，则顶孔布置：$E_{顶}$=0.5m，顶孔共布置 14 个。

4）崩落孔设计

由表 6-6 得，崩落孔的孔距可取 0.6～0.66m，崩落孔应均匀分布在周边孔与掏槽孔之间，以达到使炸药能量均匀作用在周围岩石上的目的，取 $E_{崩落孔}$=0.63m。排距为

$$W_{崩落孔} = \frac{E_{崩落孔}}{m}$$

式中，m——炮孔密集系数，崩落孔的密集系数取值范围为 0.8～1.2，为了方便布孔，此处可取 1.05。

根据断面形状，按照崩落孔参数进行均匀布孔，孔数为 32 个。

5）装药量计算

全断面总装药量 $Q_总$

$$Q_总 = qV = 1 \times (2 \times 5 + 0.5 \times 3.14 \times 2.5^2) \times 2.5 \times 0.9 = 44.58 \text{kg}$$

（1）掏槽孔装药量计算。

参考表 6-8，取装药系数 $\psi = 0.65$，则单孔装药量为

$$q_{掏槽孔} = L_槽 \cdot \psi \cdot \rho = 2.8 \times 0.65 \times 1.00 = 1.82 \text{kg}，取 1.8 \text{kg}$$

每孔装药 9 卷药，装药长度 1.8m。

填塞长度（每孔装 9 卷药，$L_{装药} = 1.8\text{m}$）

$$L_{填塞} = L_槽 - L_{装药} = 2.8 - 1.8 = 1 \text{m}$$

总装药量 $Q_{掏槽孔}$

$$Q_{掏槽孔} = N \cdot q_{掏槽孔} = 6 \times 1.80 = 10.8 \text{kg}$$

（2）周边孔装药量计算。

依据表 6-10，中硬岩周边孔的线装药密度为

$$q_线 = (0.12 - 0.18) \text{kg} / \text{m}$$

此巷道开挖岩石普氏系数为 7，取 $q_线 = 0.15 \text{kg/m}$。

帮、顶孔单孔装药量（底孔装药可和崩落孔保持一致）

$$q_{周边孔} = L_{周边孔} \times q_线 = 0.375 \text{kg}$$

总装药量

$$Q_{周边孔} = N q_{周边孔} = 22 \times 0.375 = 8.25 \text{kg}$$

填塞长度

$$L_{装药} = 药卷长度 \times 药卷数量 = 0.2\text{m} \times 1.875 = 0.375 \text{m}$$

$L_{填塞} = L_{周边} - L_{装药} = 2.5 - 0.375 = 2.125\text{m}$，实际作业过程中为改善爆破效果，在炮孔 1m 深处，可用纸团捣填，然后用炮泥填实，炮泥填塞段不小于 0.8～1.0m。

（3）崩落孔装药量计算。

总装药量

$$Q_{崩落} = Q_总 - Q_槽 - Q_{周边孔} = 25.53 \text{kg}$$

单孔装药（$N = 32 + 9$，包含底孔）

$$q_{崩落} = Q_{崩落} / N = 0.623 \text{kg}，取 0.6 \text{kg}$$

堵塞长度（每孔装 3 卷药，$L_{装药} = 0.6\text{m}$）

$$L_{填塞} = L_{崩落} - L_{装药} = 2.5 - 0.6 = 1.9 \text{m}$$

底孔的装药量：考虑到底部岩石的夹制作用，选取单孔药量为 0.7kg，总装药量为 6.3kg，堵塞为 1.8m。

6）起爆网路

使用电雷管串联网路，掏槽孔先起爆，然后是崩落孔起爆，最后是周边孔。掏槽孔

全部装 MS1(0ms)，从内向外第一圈崩落孔装 MS3(50ms)，第二圈崩落孔装 MS4(75ms)，周边孔的和底孔装 MS5（110ms）。

6.5.3 采用直孔掏槽方式

本巷道也可以采用直孔掏槽，方案设计与楔形（倾斜）掏槽类似，此处仅对装药进行计算。直孔掏槽巷道爆破设计如图 6-21 所示，直孔掏槽巷道爆破参数见表 6-12。

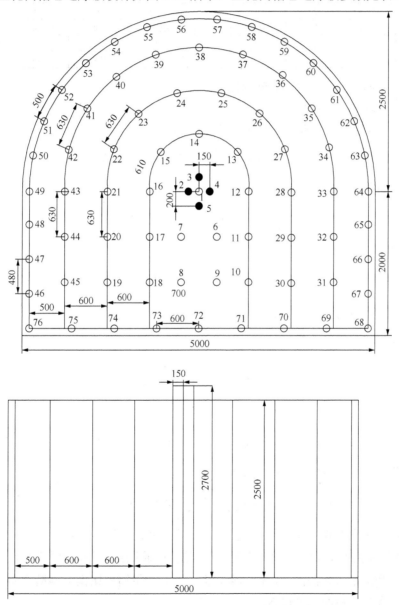

图 6-21 采用直孔掏槽巷道爆破设计图（单位：mm）

表 6-12　采用直孔掏槽巷道爆破参数表

炮孔名称	孔号	孔深/m	孔距/m	装药量				起爆顺序
				孔数	单孔卷数/卷	总卷数/卷	总装药量/kg	
空孔	1	2.7		1	0	0	0	
掏槽孔	2～5	2.7	0.2,0.15	4	9	36	7.2	1
崩落孔	6～18	2.5	0.63	13	3	39	7.8	2
崩落孔	19～30	2.5	0.63	12	3	36	7.2	3
崩落孔	31～45	2.5	0.63	15	3	45	9	4
周边孔	46～67	2.5	0.48,0.5	22	1.875	41	8.2	5
底孔	68～76	2.5	0.6	9	3.5	31.5	6.3	5
合计				76		228.5	45.7	

（1）全断面总装药量 $Q_{总}$ 为 44.58kg。

（2）掏槽孔装药量计算。

根据表 6-8 取装药系数 $\psi = 0.65$ ，则单孔装药量为

$$q_{掏槽孔} = L_{槽} \cdot \psi \cdot \rho = 2.8 \times 0.65 \times 1.0 = 1.82\text{kg} ，取 1.8\text{kg}$$

掏槽孔总装药量 $Q_{掏槽孔}$

$$Q_{掏槽孔} = N \cdot q_{掏槽孔} = 4 \times 1.8 = 7.2\text{kg}$$

堵塞长度

$$L_{槽} = L_{槽} - L_{装药} = 2.8 - 1.8 = 1\text{m}$$

（3）周边孔装药量同前所述设计。

（4）崩落孔装药量计算。

总装药量

$$Q_{崩落} = Q_{总} - Q_{槽} - Q_{周边孔} = 29.13\text{kg}$$

单孔装药（ N 包含底孔）

$$q_{崩落} = Q_{崩落} / N = 0.594\text{kg} ，取 0.6\text{kg}$$

堵塞长度（每孔装 3 卷药， $L_{装药} = 0.6\text{m}$ ）

$$L_{填塞} = L_{崩落} - L_{装药} = 2.5 - 0.6 = 1.9\text{m}$$

底孔的装药量取 0.7kg，总装药量为 6.3kg，堵塞为 1.8m。

采用楔形掏槽时，巷道断面共布置 69 个炮孔，而采用直孔掏槽时需布置 76 个炮孔，直孔掏槽工作量增大。在雷管段位选取方面，直孔掏槽需要比楔形掏槽增加一个段位，直孔掏槽对爆破器材的要求较高。

6.6　地下采矿爆破

6.6.1　地下采矿爆破特点

地下金属和非金属矿床的赋存条件各式各样，矿石和围岩的物理力学性质千变万化。从矿块中开采矿石所进行的采准、切割和回采工作的主要工序是钻孔爆破，统称地下采矿爆破。

对地下采矿爆破的质量要求是：爆破作业安全，每米炮孔的崩矿量大，大块少，二次爆破量小，粉矿少，矿石贫化和损失小，材料消耗量低。

根据矿体赋存情况和设备能力条件，地下采矿爆破按孔径和孔深的不同可分为浅孔、深孔和硐室爆破三种方法，其中硐室爆破在矿山已经很少采用。

6.6.2　浅孔爆破

地下采矿浅孔爆破按炮孔方向不同，可分为上向炮孔和水平炮孔两种，其中上向炮孔应用较多。矿石比较稳固时，采用上向炮孔，如图 6-22 所示。

矿石稳固性较差时，一般采用水平炮孔，如图 6-23 所示。工作面可以是水平单层，也可以是梯段形，梯段长 3～5m，高度 1.5～3.0m。

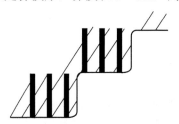
图 6-22　上向炮孔

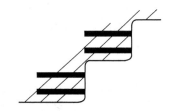
图 6-23　水平炮孔

爆破工作面以台阶形式向前推进，炮孔在工作面的布置有方形或矩形排列和三角形排列，如图 6-24 所示。方形或矩形排列一般用于矿石比较坚硬、矿岩不易分离以及采幅较宽的矿体。三角形排列时，炸药在矿体中的分布比较均匀，一般破碎程度较好，而且不需要二次破碎，故采用较多。

采场崩矿的炮孔直径和矿床赋存条件有关，并对回采工作有重要影响。矿山浅孔爆破崩矿广泛采用 32mm 药卷直径，其相应的炮孔直径为 38～42mm。一些有色金属矿山使用 25～28mm 的小直径药卷进行爆破，其相应的炮孔直径为 30～40mm，在控制采幅宽度和降低贫化损失等方面取得了比较显著的效果。

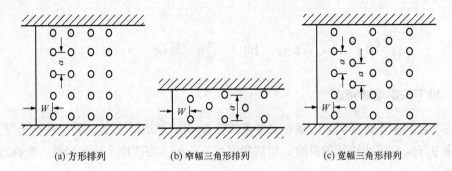

(a) 方形排列　　　　　　(b) 窄幅三角形排列　　　　　　(c) 宽幅三角形排列

图 6-24　浅孔爆破的炮孔布置

W—最小抵抗线；a—孔距

炮孔深度与矿体、围岩性质、矿体厚度及边界形状等因素有关。采用浅孔爆破留矿采矿法时，当矿体厚度大于 1.5～2.0m，矿岩稳固时，孔深常为 2m 左右，个别矿山开采厚矿体时孔深达到 3～4m；当矿体厚度小于 1.5m 时，随着矿体厚度不同，孔深变化于 1.0～1.5m 之间。当矿体较小且不规则、矿岩不稳固时，应选用较小值以便控制采幅，降低矿石的损失和贫化。

通常，最小抵抗线（W）和炮孔间距（a）按下列经验公式选取

$$W=(25\sim30)\,d \tag{6-18}$$

$$a=(1.0\sim1.5)\,W \tag{6-19}$$

式中，W——最小抵抗线，mm；

　　　d——炮孔直径，mm；

　　　a——炮孔间距，mm。

6.6.3　深孔爆破

深孔爆破具有每米炮孔的崩矿量大、一次爆破规模大、劳动生产率高、矿块回采速度快、开采强度高、作业条件和爆破工作安全、成本低等优点，广泛地用于地下矿的中厚矿床回采、矿柱回采和空区处理等工作。缺点是大块较多。

深孔布置方式有两种：平行布孔和扇形布孔。平行布孔的特点是在同一排面内深孔互相平行，深孔间距在孔的全长上均相等，如图 6-25 所示。对于矿体形状规则和要求矿石很均匀的场合，宜采用平行深孔。

扇形布孔的特点是在同一排面内，深孔排列成放射状，深孔间距自孔口到孔底逐渐增大，如图 6-26 所示。扇形深孔具有凿岩巷道掘进工程量小，深孔布置灵活和凿岩设备移动次数较少等优点，应用更为广泛。然而，由于扇形深孔呈放射状，孔口间距小而孔底间距大，因而崩落矿石块都没有平行深孔均匀，炮孔利用率也较低。

深孔排面的方向，按照采矿方法的要求不同，分为水平、垂直、倾斜三种。

水平扇形深孔排列，其排面近似于水平方向，为了便于排粉，炮孔均上扬 6°～8° 的倾角。水平扇形深孔排列的方式很多，其形式见表 6-13。

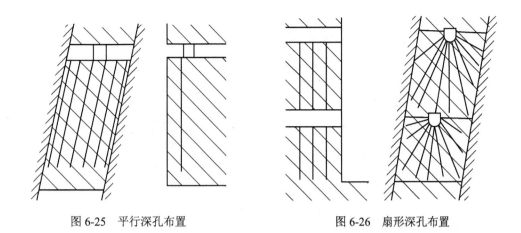

图 6-25　平行深孔布置　　　　　　　　　　　图 6-26　扇形深孔布置

表 6-13　水平扇形深孔的布置方式

凿岩天井或硐室位置	示意图	优点	缺点	应用范围
下盘中央		1. 凿岩天井或硐室掘进工作量少； 2. 总孔深小	不易控制矿体边界、易丢矿	接杆和潜孔凿岩均可应用
对角		1. 控制矿体不易丢矿； 2. 凿岩工作面多，施工灵活	掘进工作量大	用于潜孔凿岩的深孔
一角		1. 掘进工作量小； 2. 安全	大块率高	用于潜孔凿岩的深孔
中央		掘进工作量小	1. 不易控制矿体边界、易丢矿； 2. 总孔深大	用于接杆凿岩的深孔，且岩石稳固
中央两侧		1. 孔浅； 2. 大块率低； 3. 凿岩工作面多；施工灵活性大	不易控制矿体边界、易丢矿	用于接杆凿岩的深孔，且岩石稳固

　　垂直扇形深孔的排面为垂直或近似垂直的，按照深孔方向不同，可分为上向扇形深孔排列和下向扇形深孔排列。

　　倾斜扇形深孔排列用于矿体倾角大于 25°，厚度为 6~25m，矿岩中等以上稳固，适用于重力法运矿的采矿法。深孔排面与上盘垂直或成钝角，如图 6-27 所示。

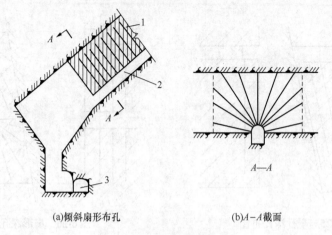

(a)倾斜扇形布孔　　　　　　　(b)A-A截面

图 6-27　倾斜扇形深孔布置

1. 深孔；2. 凿岩天井；3. 电耙道

当平行布孔时，最小抵抗线可按下式计算

$$W = d\sqrt{\frac{7.85\rho_e\psi}{mq}} \qquad （6-20）$$

式中，d——炮孔直径，m；

ρ_e——装药密度，kg/m^3；

ψ——深孔装药系数，0.7～0.8；

m——深孔密集系数，又称深孔邻近系数 $m=a/W$；对于平行深孔 m=0.8～1.1；对于扇形深孔，孔底 m=1.1～1.5，孔口 m=0.4～0.7；

q——单位炸药消耗量，kg/m^3。

扇形深孔排列时，孔间距分为孔底距和孔口距。孔底距是指由装药长度较短的深孔孔底至相邻深孔的垂直距离，孔口距是指由堵塞较长的深孔装药端至相邻深孔的垂直距离，如图 6-28 所示。

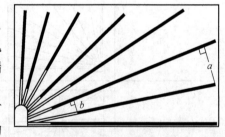

图 6-28　扇形深孔的孔间距

a—孔底距；b—孔口距

在设计和布置扇形深孔排面时，为使炸药在矿石中分布均匀一些，用孔底距 a 来控制孔底深度的密集程度，用孔口距 b 来控制孔口部分的炸药分布，以避免炸药分布过多，爆后造成粉矿过多。关于孔间距 a 的确定，可采用如下公式进行计算，即

$$a = mW \qquad （6-21）$$

其中，m=1.1～1.5，对于坚硬矿石取较小系数。

单位岩石炸药消耗量的大小直接影响岩石的爆破效果，其值与岩石的可爆性、炸药性能和最小抵抗线有关。通常参考表 6-14 选取，也可根据爆破漏斗试验确定。

表 6-14 地下采矿深孔爆破单位炸药消耗量

岩石坚固性系数 f	3~5	5~8	8~12	12~16	>16
一次爆破单位岩石炸药消耗量/（kg/m³）	0.2~0.35	0.35~0.5	0.5~0.8	0.8~1.1	1.1~1.5
二次爆破单位岩石炸药消耗量所占比例/%	10~15	15~25	25~35	35~45	>45

平行深孔每孔装药量 Q 为

$$Q = qaWL = qmW^2L \qquad (6-22)$$

式中，L——深孔长度，m；

m——密集系数；

a——孔间距，m；

W——最小抵抗线，m；

q——单位炸药消耗量，kg/m³。

扇形深孔每孔装药量因其孔深、孔距均不相同，通常先求出每排孔的装药量，然后按每排长度和总堵塞长度，求出每 1m 孔的装药量，然后分别确定每孔装药量。每排孔装药量为

$$Q_p = qWS \qquad (6-23)$$

式中，Q_p——每排深孔的总装药量，kg；

q——单位炸药消耗量，kg/m³；

W——最小抵抗线，m；

S——每排深孔的崩矿面积，m²。

6.6.4 VCR 爆破

VCR（vertical crater retreat mining）是垂直深孔球状药包后退式崩矿方法的简称，它是在利文斯顿爆破漏斗理论基础上研究创造的，是以球状药包爆破方式为特征的采矿方法。它的实质和特点是：在上切割巷道内按一定孔距和排距钻凿大直径深孔到下部切割巷道，崩矿时自顶部平台装入长度不大于直径 6 倍的药包，然后沿采场全长和全宽按分层自下而上崩落一定厚度矿石，逐层将整个采高采完，下部切割巷道成为出矿巷道，其典型矿块回采，如图 6-29 所示。

VCR 法爆破的主要特点是炮孔两端

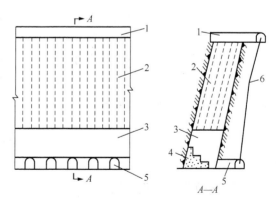

图 6-29 VCR 法采矿示意图

1. 凿岩巷道；2. 大直径深孔；3. 拉底空间；
4. 充填台阶；5. 装矿巷道；6. 运输巷道

是敞开的，要求采用堵孔，将药包停留在预定的位置上，所以装药是此种爆破方法中非常关键的作业。球状药包埋置在采场顶底板之间，向下部自由空间爆破，即倒置漏斗爆破，这就是 VCR 法球状药包爆破技术的主要特点。

6.6.5　束状深孔爆破

束状孔是指一组相互平行的密集炮孔，其特点如下：

（1）炮孔在空间位置是相互平行的。

（2）束状孔束内各炮孔的孔间距较小，一般为 4～6 倍孔径。

（3）每束炮孔数 2～10 个，炮孔的平面布置有多种形式，通常是圆形、半圆形、平行直线形及各种组合。

（4）进行布孔和爆破设计时，一般将每束炮孔作为一个等效单孔考虑。

束状深孔爆破布孔，如图 6-30 所示。

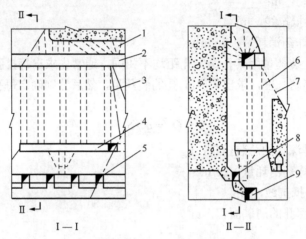

图 6-30　束状深孔爆破的回采方案

1. 上向落顶深孔；2. 凿岩硐室；3. 束状深孔；4. 拉底层；5. 振动出矿口；
6. 双孔；7. 斜孔；8. 二次破碎巷道；9. 皮带运输巷

束状深孔爆破是一种新颖的崩矿技术。实践证明，大直径束状深孔爆破技术具有作业效率高、改善作业环境、采场结构简单、便于地压控制等显著优点，是开采稳固性较差的地下厚大矿体的有效的落矿技术，在挤压爆破条件下，可以获得更好的爆破效果。

思　考　题

1. 掏槽孔的作用是什么？
2. 掏槽的基本形式有哪些？
3. 试述倾斜孔掏槽和平行空孔直线掏槽的区别和适用条件。
4. 装药直径的选择应考虑哪些因素？
5. 何为单位炸药消耗量？
6. 深孔爆破的孔径是由哪些因素决定的？
7. 井巷掘进爆破中，钻孔深度的选择应考虑哪些因素？

8．平巷掘进工作面炮孔布置的原则和方法是什么？

9．预裂爆破形成的预裂缝起何作用？

10．何为光面爆破？

11．简述光面爆破与预裂爆破的区别。

12．浅孔爆破的分类及炮孔的平面布置形式有哪些？

13．简述地下采矿爆破的特点。

14．何谓 VCR 采矿法？其特点是什么？

第7章 露天爆破

7.1 露天浅孔爆破

露天浅孔爆破常用于场地平整、开挖路堑、沟槽、采石、采矿、基础开挖等。

露天浅孔爆破多采用凿岩机钻孔,孔径一般为 36~42mm,药卷直径为 32~35mm,孔深一般不超过 2~3m,采用地面布孔或台阶布孔。

浅孔台阶爆破一般采用垂直孔,炮孔布置方式和爆破设计方法与深孔台阶爆破类似,只不过相应的孔网参数较小。多排孔布置时可分为平行排列和交错排列,如图 7-1 所示。

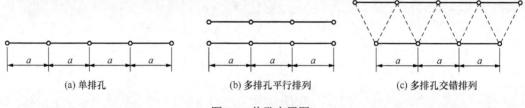

(a) 单排孔　　　　　　　　(b) 多排孔平行排列　　　　　　(c) 多排孔交错排列

图 7-1　炮孔布置图

沟槽爆破由于受到两侧夹制作用,多采用渐进式爆破开挖法,以充分利用爆破形成的自由面,常用布孔方式如图 7-2 所示,其特点是同排中间炮孔布置在边孔前,采用毫秒延期顺序起爆,中间孔先爆,边孔后爆;主要装药集中于炮孔底部,以克服沟槽夹制作用。对于较宽、较深的沟槽开挖,可采用分层台阶爆破法,周边孔采用预裂或光面爆破。

孤石(大块)爆破多用于矿山爆破中大块的二次破碎。采用风动凿岩机打孔,炮孔深度不超过大块(孤石)厚度的 2/3,炮泥填塞长度不小于炮孔长度的 1/3。图 7-3 为孤石爆破示意图。

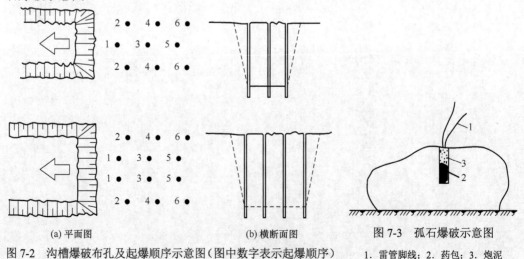

(a) 平面图　　　　　　　　　　(b) 横断面图　　　　　　　　　图 7-3　孤石爆破示意图

图 7-2　沟槽爆破布孔及起爆顺序示意图(图中数字表示起爆顺序)　　1. 雷管脚线;2. 药包;3. 炮泥

爆破单耗一般为 0.1～0.2kg/m³，或按松动爆破控制

$$Q < 0.5qW^3 \qquad\qquad (7\text{-}1)$$

式中，Q——岩石炸药装药量，kg；

　　　q——露天松动爆破单耗，kg/m³；

　　　W——最小抵抗线，m。

7.2　深孔台阶爆破

7.2.1　台阶要素和炮孔参数

通常将孔径大于 50mm，孔深在 5m 以上的钻孔爆破称为深孔爆破。所谓的深孔台阶爆破是指在上部台阶进行钻孔、装药等爆破作业，在下部台阶采用大型机械挖运作业。深孔台阶爆破是大中型露天矿山和大型土石方爆破开挖中广泛使用的爆破方法。

深孔台阶爆破具有下列优点：

（1）采用大型设备机械化作业，开采强度大，效率高。

（2）通过爆破参数设计和爆破技术等措施能够有效地控制爆破破碎块度分布和爆破质量。

（3）采用光面爆破和预裂爆破技术，可以有效地减少对边坡的爆破损伤，降低爆破振动和地震波作用等有害效应，有利于边坡的成型和稳定。

深孔台阶爆破炮孔布置如图 7-4 所示，与台阶有关的参数称为台阶要素，主要指台阶高度 H 和台阶坡面角 β。

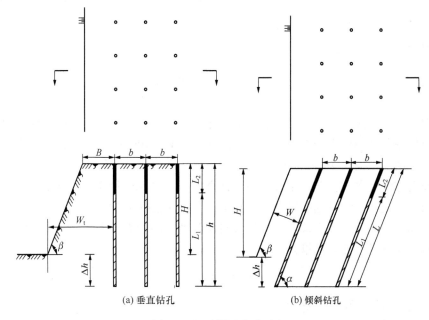

（a）垂直钻孔　　　　　　（b）倾斜钻孔

图 7-4　深孔爆破台阶要素

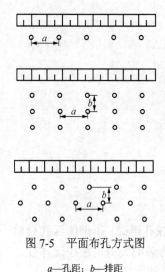

图 7-5　平面布孔方式图

a—孔距；*b*—排距

与钻孔有关的参数有：钻孔直径 d、垂直孔深 h、斜孔孔深 h、超深 Δh、钻孔倾角 α、孔距 a、排距 b。

与装药爆破有关的参数包括：底盘抵抗线 W_d、台阶上眉线至前排孔口的距离 B、炮孔的最小抵抗线 W、装药直径、线装药密度、装药高度、充填长度和装药量 Q。

深孔台阶爆破的平面布孔方式分单排孔和多排孔，多排孔又有矩形和交错（梅花）布置之分，如图 7-5 所示。不论是矩形布孔还是交错布孔，其孔距 a 与抵抗线 W（或排距 b）之比称为炮孔密集系数，一般用 m 表示，m 是深孔爆破的一个重要参数

$$m = \frac{a}{W} \ 或 \ \frac{a}{b} \tag{7-2}$$

深孔台阶爆破钻孔形式一般分为垂直钻孔和倾斜钻孔两种，两种钻孔形式的优缺点见表 7-1。

表 7-1　垂直钻孔爆破与倾斜孔爆破比较

序号	垂直钻孔	倾斜钻孔
1	施工方便，钻孔角度易控制，钻速较快，不易塌孔	钻孔角度控制技术要求高，易塌孔、卡钻
2	抵抗线变化大，底部抵抗线大，易产生大块和根底	抵抗线比较一致，能量分布较均匀，爆破块度易控制
3	爆破后冲和台阶拉裂范围较大，台阶坡面稳固性较差	爆破后冲和拉裂范围较小，台阶坡面容易保持

7.2.2　深孔爆破参数设计

露天深孔爆破参数包括：钻孔直径与装药直径、台阶高度与孔深、超深、最大抵抗与实际抵抗线、孔距、排距、堵塞长度、单位炸药消耗量和单孔药量。

1. 钻孔直径 d 与装药直径 d_e

露天深孔爆破的孔径与最小抵抗线及孔距密切相关，也与炸药、爆破效果、爆破规模、钻孔效率有关。

我国大型金属露天矿多采用牙轮钻机，孔径 250～310mm。中小型金属露天矿以及化工、建材等非金属矿山则采用潜孔钻机，孔径 100～200mm。铁路、公路路基土石方开挖常用的钻孔直径为 76～140mm。

一般石方深孔爆破的孔径主要取决于钻机类型，也受台阶高度、岩石性质和作业条件的影响。一般来说钻机选型确定后，其钻孔直径就已确定下来。

深孔爆破的装药分耦合装药和不耦合装药两种，药卷直径和装药密度决定了炮孔的线装药密度（每米炮孔装药量）

$$q_l = \frac{1}{4} \pi d_e^2 \rho \tag{7-3}$$

式中，q_l——线装药密度，kg/m；

ρ——装药密度，kg/m³；

d_e——装药直径，m。

2. 台阶高度 H 和孔长 L

孔深等于台阶高度加上超深，因此孔深实际上是由台阶高度确定的。

垂直钻孔时

$$L = H + \Delta h \tag{7-4}$$

倾斜钻孔时

$$L = (H + \Delta h) / \sin\alpha \tag{7-5}$$

台阶高度与抵抗线、挖运机械、场地条件和开挖进度等诸多因素有关，矿山的台阶高度在采矿设计时已经确定，目前我国深孔台阶爆破的台阶高度 H 为 10～15m。

超深 Δh 是指钻孔超出台阶底盘标高的那一段孔深，超深是为了增加深孔底部装药量，增强对深孔底部岩石的爆破作用，以克服底盘抵抗的阻力，避免爆破后在台阶底部残留"根底"。超深值与岩石坚硬程度、炮孔直径、底盘抵抗线有关。一般超深 Δh 可按下式确定

$$\Delta h = (0.15\sim0.35)W_d \tag{7-6}$$

或

$$\Delta h = (8\sim12)d \tag{7-7}$$

式中，d——炮孔直径，m；

　　　W_d——底盘抵抗线，m。

经验表明，在超深值大于 $15d$ 之后，超深部分炸药爆破克服底盘抵抗阻力的作用已减弱，过于增大超深没有实际意义。

3. 最大抵抗线 $W_{\max}$ 和底盘抵抗线 W_d

抵抗线是台阶爆破的重要参数之一，过大的抵抗线往往造成台阶底部不能完全破碎而留坎，过小的抵抗线则容易形成飞石。当选定了钻孔直径、炸药及装药密度后，对于某一特定岩石，存在一最大抵抗线，超过该抵抗线，台阶底部的岩石将得不到破碎或留坎。

台阶的坡面是一个斜面，深孔台阶爆破的第一排孔的抵抗线是变化的，底盘抵抗线是指台阶底部药柱中心至台阶坡面底线的距离，前排炮孔的底盘抵抗线不能超过最大抵抗线。

炮孔的最大抵抗线常用下列方法确定。

（1）巴隆公式计算最大抵抗线为

$$W_{\max} = d\sqrt{\frac{0.785\rho_e\psi L}{mqH}} \tag{7-8}$$

式中，d——孔径，m；

　　　ρ_e——装药密度，kg/m³；

　　　ψ——装药系数；

　　　L——炮孔长度，m；

m——炮孔密集系数；

q——单位体积炸药消耗量，kg/m^3；

H——台阶高度，m。

（2）根据简化的 U.兰格福斯公式计算最大抵抗线。

乳化炸药

$$W_{max} = 1.45\sqrt{q_l}k_1k_2 \qquad (7\text{-}9)$$

铵油炸药

$$W_{max} = 1.36\sqrt{q_l}k_1k_2 \qquad (7\text{-}10)$$

式中，k_1——底部夹制程度系数，取值见表 7-2；

k_2——岩石特性修正系数，取值见表 7-3。

表 7-2 不同炮孔倾斜度 k_1 取值

倾斜度	垂直	5∶1	3∶1	2∶1	1∶1
倾角	90°	78°40′	71°34′	63°26′	45°
k_1值	0.95	0.98	1.00	1.03	1.10

表 7-3 不同岩石常数 k_2 的取值

岩石常数 C/（kg/m^3）	0.3	0.4	0.5
k_2值	1.15	1.0	0.90

（3）据工程类比或经验确定。一般为（20～35）d。台阶爆破中的设计抵抗线 W 和底盘抵抗线 W_d 均不能超过最大抵抗线。

4. 炮孔孔距和排距

抵抗线确定后，孔距和排距即可确定

$$b=W$$
$$a=mW \qquad (7\text{-}11)$$

孔距和排距是一个相关的参数。在给定的孔径条件下，每个孔都有一个合理的负担面积 S，即

$$S = a \cdot b$$

或者

$$b = \sqrt{\frac{S}{m}}$$

5. 填塞长度 L_2

填塞长度以控制爆破气体不过早地从孔口逸出产生飞石为原则。合理的填塞长度 L_2 和良好的填塞质量对改善爆破效果和提高炸药能量利用率具有重要作用。合理的填塞长度应能降低爆破气体能量损失。填塞长度过大将会降低延米爆破量，增加钻孔费用，并造成台阶上部岩石破碎不佳；填塞长度过短，则炸药量损失过大，且产生较强的空气冲击波、噪音和个别飞石的危害，并影响炮孔下部岩层破碎效果。

填塞长度一般根据最小抵抗线 W 或炮孔直径 d 确定

$$L_2 = (0.7 \sim 1.0)W \qquad (7\text{-}12)$$

或

$$L_2 = (20 \sim 30)d \qquad (7\text{-}13)$$

对于堵塞材料，国内深孔爆破多用钻屑作为堵塞材料，国外则建议用粒径 4～9mm 的砂和砾石作为堵塞料，研究表明此类堵塞料封闭爆生气体的效果最佳。

6. 单位炸药消耗量 q

单位炸药消耗量 q 是深孔台阶爆破中的重要指标。在深孔台阶爆破中，q 值一般根据爆破块度尺寸要求、岩石的坚固性、炸药种类、自由面条件和施工技术等因素综合确定。设计时可以参照类似工程岩石条件下的实际单耗值选取，也可以按附表 A-11 选取。合理的单位炸药消耗量一般先根据经验选取几组数据，再通过现场试验确定。

7. 装药量计算

单个炮孔中的装药量按体积公式计算。单排孔爆破或多排孔爆破的第一排孔的单孔装药量 Q_i

$$Q_i = qaWH \qquad (7\text{-}14)$$

其他炮孔的药量计算

$$Q_i = qabH \qquad (7\text{-}15)$$

7.2.3 起爆顺序

露天台阶爆破的一个重要特征是采用毫秒延期起爆技术，起爆顺序可以在孔间、排间进行。合理的起爆顺序和毫秒时差可以：①使相邻孔的应力波相互叠加，增强岩石的破碎效果；②先爆孔为后爆孔创造新的自由面，增加自由面的作用；③改变爆破时实际的最小抵抗线和炮孔密集系数值；④爆落岩石之间相互碰撞增强破碎；⑤减小爆破的振动效应。

常用的起爆方式有以下几种。

1. 排间顺序起爆

各排炮孔依次从自由面开始向后排起爆，这种起爆顺序设计和施工比较简便，起爆网路易于检查，如图 7-6 所示。

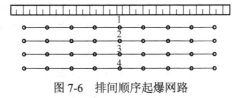

图 7-6　排间顺序起爆网路

2. 波浪式起爆网路

波浪式起爆网路可增加孔间或排间深孔爆破的相互作用，达到加强岩块碰撞和挤压、改善破碎块度的效果，同时还可减小爆堆宽度，但施工操作比较复杂，如图 7-7 所示。

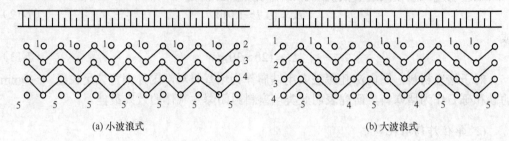

(a) 小波浪式　　　　　　　　　　　　(b) 大波浪式

图 7-7　波浪式顺序起爆

3. 斜线起爆网路

斜线起爆网路的特点是炮孔爆破方向朝台阶的侧向，同一时间起爆的深孔连线与台阶眉线斜交成一角度，如图 7-8 所示。这一起爆顺序的优点是爆堆宽度小、实际最小抵抗线小，同时爆破的深孔之间实际距离增大，m 值随之增大，有利于改善破碎块度。爆破网路连接比较简便，在矿山多排爆破中得到较广泛的应用。

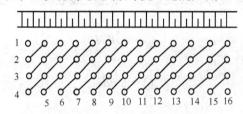

图 7-8　斜线顺序起爆

4. V 形和 U 形起爆

V 形、U 形（有时称楔形）起爆网路的特点是爆区第一排中间 1～2 个深孔先起爆，形成一楔形空间，然后两侧深孔按顺序向楔形空间爆破，具有斜线起爆的特点，爆堆更加集中。起爆网路如图 7-9 所示。

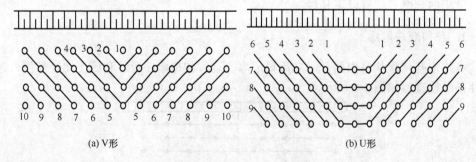

(a) V形　　　　　　　　　　　　　(b) U形

图 7-9　V 形和 U 形顺序起爆

5. 逐孔起爆

逐孔爆破是指每个孔一段，所有炮孔均按一定的间隔延期顺序接力起爆。逐孔起爆网路具有爆破效果好、震动小和综合效益显著的特点。

在逐孔网路的爆区中，主控制排方向的孔间延时主要影响爆区的破碎块度，传爆列方向的排间延时主要影响爆区的岩石位移。因此，当要求破碎效果好又要求爆破震动小时，可以在保证主控制排方向最佳孔间延时不变的情况下调整传爆列方向的延时。

7.2.4　毫秒延期间隔时间的确定

确定合理的毫秒延期爆破间隔时间是优化微差爆破效果的关键。毫秒延期间隔时间的选择主要与岩石性质、抵抗线、岩体移动速度以及对破碎效果和减振的要求等因素有关。合理的毫秒延期间隔时间，应能得到良好的爆破破碎效果和最大限度地降低爆破地震效应，同时还要保证先爆孔不破坏后爆孔及其网路。关于毫秒延期时间的确定，目前尚缺乏统一的认识，下面简单介绍几个常用的计算方法。

（1）经验公式。

$$\Delta t = \frac{2W}{V_p} + K_1 \frac{W}{C_p} + \frac{S}{V} \tag{7-16}$$

式中，Δt——延期时间，s；

　　　W——抵抗线值，m；

　　　V_p——岩体中弹性纵波速度，m/s；

　　　K_1——系数，表示岩体受高压气体作用后在抵抗线方向裂缝发展的程度大小，一般可取 2～3；

　　　C_p——裂缝扩展速度，m/s，它与岩石性质、炸药特性以及爆破方式等因素有关，一般中硬岩石约为 1000～1500m/s，坚硬岩石 2000m/s 左右，软岩在 1000m/s 以下；

　　　S——破裂面移动距离，一般取 0.1～0.3m；

　　　V——破裂体运动的平均速度，m/s，对于松动爆破而言，其值约为 10～20m/s。

或

$$\Delta t = t_d + \frac{L}{V_c} = KW_d + \frac{L}{V_c} \tag{7-17}$$

式中，Δt——延期时间，ms；

　　　t_d——从爆破到岩体开始移动的时间，ms；

　　　K——系数，ms/m，一般为 2～4ms/m，也可通过观测确定；

　　　W_d——底盘抵抗线，m；

　　　V_c——裂隙开裂速度，m/ms；

　　　L——裂隙宽度，m；一般取 0.01m。

（2）以形成新自由面所需要的时间确定延期间隔时间。

$$\Delta t = \zeta \cdot W \tag{7-18}$$

式中，Δt——延期时间，ms；

ζ ——与岩石性质、结构构造和爆破条件有关的系数，在露天台阶爆破条件下，ζ 值为 2～5。

（3）考虑岩石性质和底盘抵抗线的经验公式。

$$\Delta t = K_1 \cdot W_d (24 - f) \tag{7-19}$$

式中，Δt ——延期时间，ms；

K_1 ——岩石裂隙系数，对于裂隙少的岩石，取 0.5；中等裂隙岩石，取 0.75；对于裂隙发育的岩石，取 0.9；

W_d ——底盘抵抗线，m；

f ——岩石坚固系数。

（4）矿冶研究院提出的计算合理间隔时间公式。

$$\Delta t = (1.25 \sim 1.8)\sqrt[3]{Q} + 9(\rho D_B / \gamma C_n - 0.18)\sqrt[3]{Q} + S / V_{cp} \tag{7-20}$$

式中，ρ ——炸药密度，kg/m^3；

γ ——岩石密度，kg/m^3；

D_B ——炸药在孔内的爆速，m/s；

C_n ——岩石中声速度，m/s；

S ——常数，一般 S=10mm；

V_{cp} ——岩块运动平均速度，mm/ms；

Q ——炸药量，kg。

根据高速摄影测试，抵抗线为 3～3.5m 的深孔爆破，药包爆炸后 10ms，地表岩石开始有明显的移动，接着在加速的过程中形成鼓包，到 20ms 时，鼓包运动接近最大速度，到 100ms 时，鼓包严重破裂。

7.2.5 某露天矿山台阶爆破设计

某石灰石矿山采用露天深孔开采方式，岩石坚固性系数 f 为 6～8，台阶坡面角为 90°。垂直钻孔，钻孔直径 165mm，台阶高度为 15m，使用铵油炸药（炸药密度为 1000kg/m^3）。试按照松动爆破进行爆破参数设计。

第一种方法

（1）可提前确定的部分参数。

① 超深 Δh 为（8～12）d，取为 1.5m；

② 线装药密度 $q_l = \frac{1}{4} \pi d^2 \rho \approx 21 \text{kg} / \text{m}$。

（2）单耗 q 的选取。根据附表 A-11，松动爆破时，q 取值为 0.43～0.56kg/m^3，初步选取为 0.5kg/m^3。

（3）设计最大抵抗线 W_{max}。使用工程类比的方式确定，一般为（20～35）d，即 3.3m～5.775m。

（4）最小抵抗线 W 选取为 4.5m。

（5）炮孔密集系数取 1.25～2，炮孔间距 a 为 5.625～9m，取为 6m。

（6）单孔装药量为

$$Q=q \cdot a \cdot w \cdot h=q \cdot a \cdot b \cdot h=0.5×6×4.5×15=202.5\text{kg}，\text{取为 } 200\text{kg}$$

（7）校核堵塞长度：

① 装药长度

$$L_1 = \frac{Q}{q_l} = \frac{200}{21} \approx 9.5\text{m}$$

② 堵塞长度

$$L_2 = H + \Delta h - L_1 = 15 + 1.5 - 9.5 = 7\text{m}$$

③ 堵塞长度应为（20～30）d，即 3.3～4.95m，设计中为 7m，堵塞长度过长，爆破参数不合理，应修改设计。

（8）炮孔间距取为 8m，单孔装药量为

$$Q=q \cdot a \cdot w \cdot H=q \cdot a \cdot b \cdot H=0.5×8×4.5×15=270\text{kg}$$

装药长度 $L_1 \approx 12.9$m，堵塞长度为 3.6m，满足堵塞要求。

确定的爆破参数为：炮孔深度为 16.5m，其中超深 1.5m，炮孔间距 8m，排距 4.5m，单孔装药量为 270kg，堵塞长度 3.6m。

第二种方法

第一个思路中提前确定了炮孔的密集系数，由于密集系数范围较大，造成实际选取困难。

（1）～（4）与第一种方法相同。

（5）堵塞长度取为 4m。

（6）单孔装药量为

$$Q = q_l \cdot L_1 = 21×(16.5 - 4) = 262.5\text{kg}，\text{取为 } 260\text{kg}$$

（7）炮孔间距为

$$a = \frac{Q}{q \cdot b \cdot H} = \frac{260}{0.5 × 4.5 × 15} = 7.7\text{m}，\text{取为 } 7.5\text{m}$$

（8）单耗校核。实际单耗为

$$q = \frac{Q}{a \cdot b \cdot H} = \frac{260}{7.5 × 4.5 × 15} \approx 0.51\text{kg} / \text{m}^3$$

在正常的范围内。

确定的爆破参数为：炮孔深度为 16.5m，其中超深 1.5m，炮孔间距 7.5m，排距 4.5m，单孔装药量为 260kg，堵塞长度约 4m。

备注：在实际矿山爆破中，由于爆区前部岩石完整性较差，为了减少前排的钻孔难度，且较为充分地利用炮孔，通常增大前排的最小抵抗线，减少最后一排的装药量。为克服矿岩的阻力作用，改善爆破效果，通常在中间排增加部分药量。

7.3 硐 室 爆 破

采用集中或条形硐室装药爆破开挖岩土的作业称为硐室爆破。自 20 世纪 50 年代以来，我国已将硐室爆破技术广泛应用于矿山、交通、水利、水电、农田基本建设和建筑工程等领域，并成功地实施了多次万吨级的爆破。例如，1971 年，四川攀枝花市狮子山万吨级硐室大爆破，耗药量为 10162.22t，爆破方量达 1140 万 m^3。1992 年广东珠海炮台山大爆破，耗药量为 12000t，爆破方量达 1085 万 m^3。这些工程的成功，标志着我国硐室爆破技术已经达到了世界先进水平。

硐室爆破有如下优点：

（1）爆破方量大，施工速度快。在土石方数量集中的工点，如铁路、公路的高填深挖路基、露天采矿的基建剥离和大规模的采石工程中，从导硐、药室开挖到装药爆破，能在短期内完成任务，对加快工程建设速度有重大作用。

（2）施工简单，适用性强。在交通不便、地形复杂的山区，特别是地势陡峻地段、工程量在几千立方米或几万立方米的土石方工程，硐室爆破使用设备少，施工准备工作量小，因此具有较强的适用性。

（3）经济效益显著。对于地形较陡、爆破开挖较深、岩石节理裂隙发育、整体性差的岩体，采用硐室爆破方法施工，人工开挖导硐和药室的费用大大低于深孔爆破的钻孔费用，因此可以获得显著的经济效益。

硐室爆破的缺点为：

（1）人工开挖导硐和药室，工作条件差，劳动强度大。

（2）爆破块度不够均匀，容易产生大块，二次爆破工作量大。

（3）爆破作用和震动强度大，对边坡的稳定及周围建（构）筑物可能造成不良影响。

7.3.1　爆破类型选择

硐室爆破按照爆破作用和药室形状可划分为：

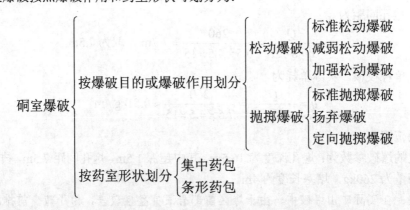

进行硐室爆破时，应根据爆区的地质地形条件、爆区所处的环境及爆破技术要求等因素确定爆破类型。以下阐述主要爆破类型的适用条件。

1. 标准松动爆破

在节理裂隙发育、预计爆岩大块率较低的地方，可采用松动爆破。在爆岩可以靠重力作用滑移出爆破漏斗的陡坡地段，宜采用松动爆破。一般药包的最小抵抗线小于 15～

20m。单位耗药量应在 $0.5kg/m^3$ 左右，爆堆集中，对爆区周围岩体破坏较小。

2. 加强松动爆破

加强松动爆破在矿山应用较为广泛，其单位耗药量可以达到 $0.8\sim1.0kg/m^3$。当药包的最小抵抗线大于 15～20m 时，为了充分破碎矿岩和降低爆堆高度，一般采用加强松动爆破。

3. 抛掷爆破

根据爆破作用指数 n 的取值，抛掷爆破分为：加强抛掷爆破（$n>1$）、标准抛掷爆破（$n=1$）和减弱抛掷爆破（$0.75<n<1$）。在工程实践中，根据地面坡度的不同，抛掷爆破的爆破作用指数一般在 1～1.5 之间。

4. 扬弃爆破

在平坦地面或坡度小于 30° 的地形条件下，将开挖的沟渠、路堑、河道等各种沟槽及基坑内的挖方部分或大部分扬弃到设计开挖范围以外，基本形成工程雏形的爆破方法，称为扬弃爆破。

5. 定向抛掷爆破

利用爆炸能量将大量土石方按照指定方向抛掷到一定位置并堆积成一定形状的爆破方法，称为定向抛掷爆破。定向抛掷爆破减少了挖、装、运等工序，有着很高的生产效率。

7.3.2 药包布置原则

斜坡地形应根据地形和开挖边坡布置药包，尽量使设计断面内的岩体松动或大量抛掷，同时减轻爆破作用对基面和边坡的损伤。

（1）一侧边坡不高时，经常采用的布药方式是单层单排药包，并依据周围环境情况和爆破要求采用抛掷爆破或松动爆破，如图 7-10（a）所示。

（2）当路基较宽时，为了保护边坡，减少大药量药包对边坡的破坏，可采用单层双排的布药方式布置双排集中药包或条形药包。两旁药包间采用毫秒延期起爆，前排药包采用较大的参数，有利于改善后排药包的爆破效果及减轻对边坡的影响范围，如图 7-10（b）所示。

（3）在陡坡上，多采用单排双层的布药形式，如图 7-10（c）所示，在条件适宜的地方，应尽可能采用崩塌或抛坍爆破。

（4）地形较陡，开挖路基（站场）又较宽时，布置抵抗线较大的药包容易对边坡产生较大的影响，一般采用多排多层的布药方式，如图 7-10（d）所示，以减少最小抵抗线的数值，降低装药量。同排上下层药包同段、前后排的药包采用延期雷管起爆。

（5）在斜坡上开挖双壁路堑时，为保护边坡，可布置成双层单排药包，如图 7-10（e）所示，上层设计成抛掷药包，下层设计成松动药包，上层先响，下层后响。

（6）山脊地形一般在主山脊的正下方布置主药包，如图 7-10（f）所示，当山脊较平缓厚实时，可在山脊下围绕主药包布置辅助药包，如图 7-10（g）、（h）所示，也可布置两排或多排对称的主药包。

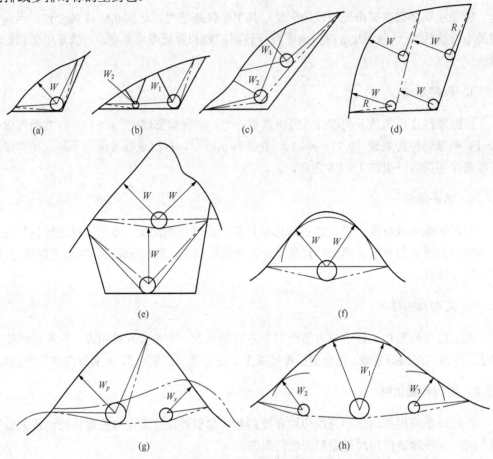

图 7-10　硐室爆破药包的典型布置

（7）条件复杂的大型场坪爆破工程，一般分成几个爆区，综合运用上述药包布置方法，做出合理的药包布置设计，如图 7-11 所示。

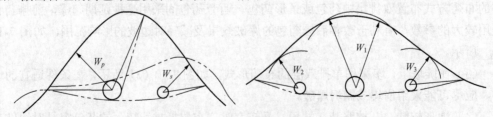

图 7-11　山头地形药包合理布置图

（8）在山脊地形条件下，在一侧可以抛掷，另一侧不允许抛掷的情况下，可将药包偏离山脊的投影线，选择两侧的最小抵抗线 W_p、W_s 和适当的 n_1、n_2 值，做到一侧抛掷而另一侧松动，如图 7-12 所示。

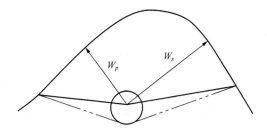

图 7-12 一侧松动一侧抛掷药包布置图

7.3.3 抵抗线与药包间距

选择药包的最小抵抗线，是硐室爆破中药包布置的核心问题。最小抵抗线应根据爆区地形、周围环境和爆破要求而定，一般控制在 15～25m 范围内。

对中硬和坚硬岩石，集中药包的药包间距一般由下式计算。

$$a = mW = 0.5W(n+1) \tag{7-21}$$

或

$$a = W\sqrt[3]{f(n)}$$

式中，a——药包间距，m；

　　m——密集系数；

　　n——爆破作用指数；

　　W——最小抵抗线，m。

斜坡地形爆破 m=1.0～1.2，如果两个药包的 n 值和 W 值不一样，则有

$$a = 0.5\frac{W_1 + W_2}{2}\left(\frac{n_1 + n_2}{2} + 1\right) \tag{7-22}$$

7.3.4 K 值的确定

形成标准抛掷爆破漏斗时，单位体积岩石的炸药消耗量称为标准抛掷爆破单位炸药消耗量，简称标准单耗，用 K 表示，单位为 kg/m³。标准单耗 K 值可用计算法和爆破漏斗试验法获得，但应用更多的是根据经验选取，一般硐室爆破各种岩土的单位炸药消耗量见附表 A-12。

1. 计算法

用岩石密度计算，公式为

$$K = 0.4 + \left(\frac{\gamma}{2450}\right)^2 \tag{7-23}$$

或

$$K = 1.3 + 0.7\left(\frac{\gamma}{1000} - 2\right)^2 \tag{7-24}$$

式中，γ——岩石密度，kg/m³。

2. 爆破漏斗试验法

试验要选择与爆破工点具有相同地质情况的平坦地面，首先假定 K 值，按 $n=1$ 计算药量 $Q = K_1 W^3$，爆破后，实际测出爆破漏斗半径 r 和可见漏斗深度 P，计算出 $n = \dfrac{r}{W}$ 值，若 n 值不等于 1 时，则先按爆破作用指数函数修正设计的 K 值

$$K' = \frac{K}{0.4 + 0.6n^3}$$

注意：标准的抛掷爆破漏斗试验，除要求 $n=1$ 外，还有爆破漏斗的可见深度 $p = \dfrac{1}{3}W$ 的要求，还需根据试验岩石条件修正 K 值。

3. 经验选取

根据岩石坚固性系数 f，同时考虑工地具体的岩层结构、节理、裂隙和风化程度，适当确定岩石等级，合理选用 K 值。

7.3.5　装药量计算

集中药包硐室爆破的药量计算可采用鲍氏公式

$$Q = K\left(0.4 + 0.6n^3\right)W^3 \tag{7-25}$$

常用的变换形式如下：

（1）标准松动爆破

$$Q = (0.33 \sim 0.44)KW^3 \tag{7-26}$$

（2）加强松动爆破

$$Q = (0.44 \sim 1.0)KW^3 \tag{7-27}$$

（3）多面临空、陡坡地形崩塌爆破

$$Q = (0.125 \sim 0.44)KW^3 \tag{7-28}$$

7.3.6　爆破漏斗计算

斜坡地形常见的爆破漏斗，如图 7-13 所示，爆破漏斗参数主要是指压缩圈、上破裂线和下破裂线，在抛掷爆破中还要计算可见漏斗深度。

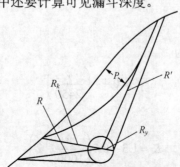

图 7-13　斜坡地形常见的爆破漏斗

1. 压碎圈半径

对集中药包

$$R_y = 0.62\sqrt[3]{\frac{Q\mu}{\rho_e}} \qquad (7\text{-}29)$$

对条形药包

$$R_y = 0.56\sqrt{\frac{q\mu}{\rho_e}} \qquad (7\text{-}30)$$

式中，R_y——压碎圈半径，m；

Q——集中药包装药量，t；

q——条形药包每米装药量，t/m；

ρ_e——装药密度，t/m³；

μ——由岩石性质决定的压缩系数，可参照表 7-4 选取。

表 7-4　岩石压缩系数 μ

土岩类别	黏土	坚硬土	松软岩	软岩石	中硬或坚硬岩
土岩坚固性系数 f	0.5	0.6	0.8～2.0	3～5	>6
压缩系数 μ	250	150	50	20	10

2. 爆破漏斗下破裂半径 R

爆破漏斗下破裂半径 R 计算公式为

$$R = \sqrt{1+n^2}\,W \qquad (7\text{-}31)$$

山顶双侧作用药包时

$$R = \sqrt{1+\frac{n^2}{2}}\,W \qquad (7\text{-}32)$$

3. 爆破漏斗上破裂半径 R'

爆破漏斗上破裂半径 R' 计算公式为

$$R' = \sqrt{1+\beta n^2}\,W \qquad (7\text{-}33)$$

式中，β 为与地形坡度有关的函数。坚硬岩石为

$$\beta = 1 + 0.016\left(\frac{\alpha}{10}\right)^3$$

软岩、中硬岩石为

$$\beta = 1 + 0.04\left(\frac{\alpha}{10}\right)^3 \qquad (7\text{-}34)$$

式中，α——地形坡度；

β——值亦可参照表 7-5 选取。

表 7-5　崩塌范围系数 β 值

地面坡度 α ＼ 岩石类别	土质、软石、中硬岩石	坚硬、致密岩石
20°～30°	2.0～3.0	1.5～2.0
30°～50°	4.0～6.0	2.0～3.0
50°～65°	6.0～7.0	3.0～4.0

思 考 题

1. 与浅孔露天爆破相比较，深孔台阶爆破有哪些优点？

2. 深孔台阶几何要素包括哪些？

3. 露天深孔爆破平面的布孔方式有几种？

4. 露天深孔爆破的孔径是由哪些因素决定的？

5. 在露天深孔台阶爆破中，常用的装药结构有哪几种？

6. 分析深孔台阶爆破中，垂直钻孔与倾斜钻孔的优缺点。

7. 炮孔堵塞有哪些作用？堵塞过长或过短会出现哪些问题？

8. 露天台阶爆破中，起爆顺序分成哪几类？

9. 试分析露天深孔台阶爆破不合格大块产生的部位和原因。

10. 何谓硐室爆破技术？简述硐室爆破技术设计的基本内容、方法和步骤。

11. 硐室爆破的药包布置有何特点，需考虑哪些因素？

第8章 拆除爆破

8.1 拆除爆破原理

8.1.1 概述

拆除爆破是指用爆破方法拆除建（构）筑物的作业，也称建（构）筑物拆除控制爆破。根据拆除爆破技术和拆除作业的特点，拆除爆破主要有两个方面的内容：一是采用爆破技术将构筑物进行爆破破碎和拆除；二是采用爆破技术对建（构）筑物的主要结构或局部进行爆破，致使建（构）筑物整体失稳倾倒或塌落解体，达到拆除之目的。爆破的同时需要严格控制爆破可能产生的损害因素，如振动、飞石、粉尘、噪声等的影响，保护周围建筑设施和人员的安全。

根据拆除爆破的技术和拆除对象的结构特点，拆除爆破可分为：

（1）建筑物拆除爆破，如楼房、厂房、场馆等的爆破拆除。

（2）高耸构（建）筑物拆除爆破，如烟囱和各种塔类建筑物的爆破拆除。

（3）构筑物拆除爆破，如各类基础、地下工事、地坪和围堰的爆破拆除。

（4）桥梁拆除爆破。

拆除爆破始于第二次世界大战后期，先期主要用于战后的城市重建和工厂的恢复生产。从 20 世纪 60 年代始，美国、瑞典、瑞士、丹麦和日本等国将此项技术用于城市废旧建（构）筑物的拆除。在我国，拆除爆破始于 20 世纪 50 年代。1958 年东北大学用定向爆破方法成功地拆除了一座钢筋混凝土烟囱；1976 年工程兵用控制爆破安全地拆除了天安门广场附近总面积超过 1 万 m² 的三座大楼。80 年代以后，拆除爆破技术迅速发展，应用范围不断扩大，拆除爆破规模和难度不断加大。目前国内用爆破法拆除的最高建筑物为广东中山山顶花园，高度 104m（34 层），成功爆破拆除的钢筋混凝土烟囱最高高度为 210m。

8.1.2 拆除爆破的要求

拆除爆破是在建（构）筑物上实施的爆破作业，除了爆破所产生的直接爆破效应外，还有爆破后建筑物失稳、破坏、运动冲击和堆积过程，并且要保证邻近建筑、设施和环境的安全。有时恰恰是因为周边环境安全的要求，决定了爆破技术的应用并赋予了拆除爆破本身特殊的意义。在这里，"拆除"是目的，"爆破"是手段，"安全"是根本，而核心则是"控制"。拆除爆破中拆除和保护的矛盾、爆破与安全的矛盾等都在对爆破过程有效控制中实现统一，达到拆除的目的。

拆除爆破时要通过控制爆破达到拆除工程的目的，主要要求有：

（1）控制爆破破坏的范围，按工程要求确定的拆除范围进行爆破，要求只破坏需要拆除的部分，保留部分不应该受到损坏。

（2）控制爆破破碎的程度，按工程要求控制破碎的抛、散、碎、裂程度。

（3）控制爆破建筑物倒塌的方向，通过爆破使被拆除的建筑物失稳，按设计的方向倾倒，要求定向准确。

（4）控制爆破的堆积范围，要控制爆破时破碎块体的堆积范围和倒塌的堆积范围，要求堆积有界，堆积有形。

（5）控制爆破的危害作用，要控制爆破时产生的个别飞石、冲击波、爆破振动的强度和影响范围，确保周围环境设施和人员的安全。

8.1.3　拆除爆破原理

拆除爆破原理涉及两个方面：一是爆破破碎的理论，二是建筑物运动机理。

对于基础拆除爆破，一般采用钻孔爆破法全部爆破破碎，对于建（构）筑物拆除爆破，需要直接爆破破坏建筑物的主要承重构件和关键部位。无论是拆除有一定高度的建（构）筑物，还是拆除基础类结构物或构筑物，钻孔爆破是拆除爆破最基本的爆破方式，岩石爆破的理论和技术是拆除爆破的理论基础。

关于拆除爆破的理论研究还很不成熟，结构破坏后的运动复杂多变，很难系统描述。但从根本上讲，能量平衡原理、最小抵抗线原理和结构失稳原理构成了拆除爆破的核心理论基础。

1. 能量平衡原理

爆破参数设计应使炸药爆破的有效能量与被爆破介质所需破碎能之间的能量平衡和最充分利用，以最大限度减少转化为其他形式的能量和不必要的能量集中。能量平衡原理是控制爆破设计中药量计算的基本准则，多打孔、少装药的设计思想可以说是能量平衡原理的具体体现。

2. 最小抵抗线原理

最小抵抗线原理可以理解为炸药的爆破作用在各自由面方向的实际抵抗应当相等。在均匀介质中，则为最小抵抗线相等。最小抵抗线原理的核心是爆破作用的弱点突破规律，即炸药的爆破作用总是使介质抵抗最薄弱的方向首先发生运动和破坏，并且使爆破能量向该方向集中。对于均匀介质而言，最小抵抗线方向是最为薄弱的方向，自然是首先破坏。

3. 失稳原理

利用钻孔爆破结构的支撑部分或局部，使其失去承载能力，使结构由静力平衡状态转化为静力不平衡状态，从而使结构产生整体倾倒力矩或重力解体弯矩，使结构失稳而定向倾倒或坍塌。

爆破后建筑物倒塌和解体是两个不同的概念，倒塌是指结构的整体运动方式，有两种基本方式：一种是定向倾倒，另一种是坍塌（包括原地坍塌和定向坍塌）。

建筑物整体定向倒塌是对部分支撑构件实施爆破后，另一部分支撑构件不能承受建筑物主体的重力荷载和重力弯矩的作用，破坏失稳，建筑物将绕其支撑点转动倾斜塌落。

坍塌是建筑物以下落运动为主的拆除方式，分原地坍塌和定向坍塌，其中定向坍塌时结构物在下落的同时有定向运动。实现塌落的前提是建筑物从整体上必须破坏和解体，在拆除爆破中，建筑物的破坏解体分空中解体和落地冲击解体，实现建筑物解体方法有三种：

（1）爆破解体。在结构的主体和承力部位钻孔爆破，使建筑物失稳或解体。

（2）重力解体。利用结构自重在建筑物爆后不均匀下落，构件内产生的重力弯矩使构件产生破坏和解体。

（3）冲击解体。建筑物以一定的速度下落，与落地时地面产生冲击或相互撞击造成结构的破坏与解体。

8.2 药量计算

8.2.1 药量计算原理

在拆除爆破中，爆破参数设计计算主要是基于经验公式，最常用的单孔药量计算公式为

$$Q_i = qV_i \tag{8-1}$$

式中，Q_i——单孔药量，kg；

q——炸药单耗，kg/m^3；

V_i——单孔爆破体积，m^3。

从式（8-1）可知，无论采用何种类型的爆破，只要选取决定爆破效果的爆破单耗并确定单孔爆破的体积 V_i，即可计算确定单孔药量。

建筑拆除爆破中主要爆破承重立柱、梁、墙体，炮孔的布置因构件的形式和结构尺寸而有所变化，爆破单耗的选取和单孔药量的计算也有所不同。选择确定爆破单耗，主要采用以下两种方法：

（1）经验和工程类比。根据爆破体的材质、强度、最小抵抗线和临空面条件等，按单位体积耗药量表（附表 A-13、附表 A-14、附表 A-15）所给出的经验数据初步选取一个 q 值，然后按药量计算公式计算单孔装药量 Q_i。

由于各个炮孔的药量参数不一样，计算的药量也有差别，通常需要计算出爆破部位所有炮孔的总药量 $Q = \sum Q_i$，总药量 $\sum Q_i$ 和相应炮孔爆破部位的体积 $V = \sum V_i$ 之比（Q/V）称为平均单耗。

（2）试爆。选择典型部位按设计选取的单耗和计算药量进行试爆，试验爆破要按实爆时设计的孔网参数进行布置炮孔，试爆的炮孔应有一定的数量，一般不应少于 3～5 个，根据爆破效果调整爆破单耗。

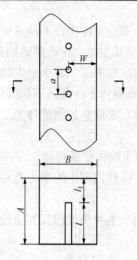

图 8-1　立柱爆破单排炮孔布置

A—柱截面高；*B*—柱截面宽

8.2.2　柱体爆破

立柱和梁是拆除爆破中最常见的构件，根据其断面的结构尺寸，炮孔布置有单排孔布置、双排孔布置和多排孔布置。

单排孔布置如图 8-1 所示，爆破参数有最小抵抗线 W、孔距 a、孔深 l。

$$W = \frac{1}{2}B \tag{8-2}$$

$$a = mw = (1.2\sim2.0)W \tag{8-3}$$

$$l = (0.6\sim0.65)A \tag{8-4}$$

单排布孔时，单孔药量的计算公式为

$$Q_i = qABa \tag{8-5}$$

双排炮孔布置时有平行和交错两种布孔方式，如图 8-2 所示，爆破参数有：最小抵抗线 W、孔距 a、排距 b、孔深 l 和炮孔底距自由面的距离 l_1。

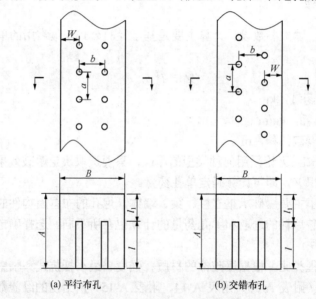

(a) 平行布孔　　　　　　　　(b) 交错布孔

图 8-2　立柱爆破双排炮孔布置

双排孔布置时的最小抵抗线根据立柱截面大小由设计确定，一般取 $W = (0.3\sim0.5)m$

$$a = mW = (1.2\sim2.0)W \tag{8-6}$$

$$b \leqslant W \tag{8-7}$$

双排孔布置时的炮孔深度与立柱的截面尺寸 A、最小抵抗线 W 和炮孔底部距自由面的距离 l_1 有关，计算公式为

$$l = A - l_1 \tag{8-8}$$

其中 l 和 l_1 应当满足条件

$$l \geqslant 0.6A \tag{8-9}$$
$$l_1 = (0.8 \sim 1.0)W \tag{8-10}$$

单孔药量 Q_i 为

$$Q_i = \frac{1}{2}qABa \tag{8-11}$$

多排孔布置的设计原则与双排孔一样，以图 8-3 所示的 3 排孔为例，药量计算公式为

$$Q_i = \frac{1}{3}qABa \tag{8-12}$$

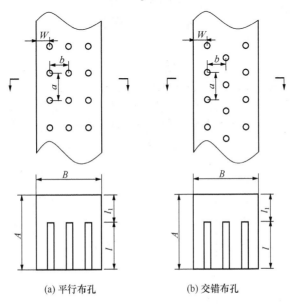

(a) 平行布孔　　　　　　　　(b) 交错布孔

图 8-3　立柱爆破三排炮孔布置

不论采用何种布孔方式，炮孔的堵塞长度应当满足

$$l_0 \geqslant (1.1 \sim 1.2)W \tag{8-13}$$

立柱爆破参数是相互关联和影响的，炮孔深度和最小抵抗线也受到单孔药量的影响。合理的爆破参数应当是药包的中心略超过立柱的中轴线或基本重合，如图 8-4 所示。

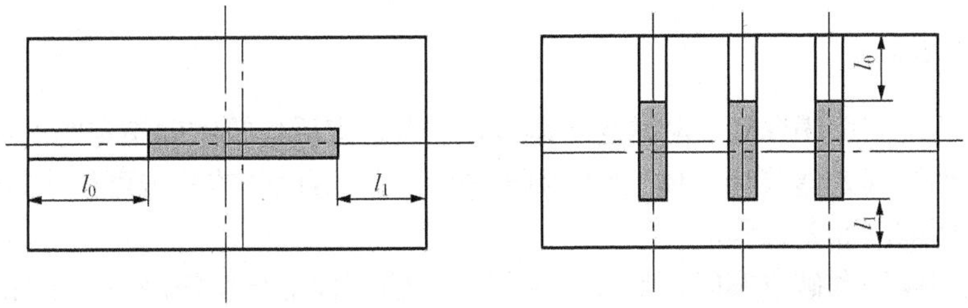

(a) 沿长轴布孔　　　　　　　　(b) 沿短轴布孔

图 8-4　立柱爆破炮孔布置形式图

钢筋混凝土梁柱 q 值参考附表 A-13。

8.2.3 墙体爆破

墙体爆破采用水平钻孔，常用炮孔布置有平行（矩形）布孔和交错（梅花）布孔方式，如图 8-5 所示，钻孔垂直于自由面，最小抵抗线 W 为墙体厚度 B 的一半，爆破参数为

$$W = \frac{1}{2}B \tag{8-14}$$

$$a = (1.2\sim 2.0)W \tag{8-15}$$

$$b = (0.8\sim 1.0)a \tag{8-16}$$

$$l = (0.6\sim 0.7)B \tag{8-17}$$

$$l_1 = (0.7\sim 0.8)W \tag{8-18}$$

单孔药量的计算公式为

$$Q_i = qabB \tag{8-19}$$

砖墙 q 值参考附表 A-14，钢筋混凝土墙参考附表 A-15。

对于烟囱筒壁等薄壁结构为拱形或圆筒形构筑物，为使爆破部位破碎均匀，药包至两侧临空面的抵抗线应不一样。当弧度影响较大时，药包指向外侧的最小抵抗线 W_1 应取 $(0.55\sim 0.6)\delta$；指向内侧或圆心的最小抵抗线 W_2 应取 $(0.4\sim 0.45)\delta$，如图 8-6 所示。

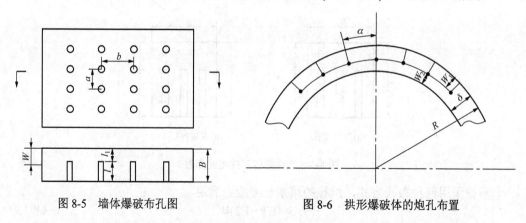

图 8-5　墙体爆破布孔图　　　　　　　图 8-6　拱形爆破体的炮孔布置

8.3　楼房拆除爆破

8.3.1 定向倒塌

建筑物的定向倒塌爆破，也称定向爆破，是指爆破后建筑物向指定的方向整体倒塌。倒塌运动过程是建筑物整体上绕支撑轴的转动，落地时的冲击可使建筑物破坏或解体。工程实例如图 8-7 所示。

采用定向倾倒爆破方案时，对设计倒塌方向的支撑部分实施爆破，形成爆破缺口，缺口形式一般为三角形或梯形，高度从外向里可逐排减小，最后一排墙柱的支撑结构不爆破或减弱爆破，形成塑性铰或转动铰，爆破后楼房在倾倒重力矩的作用下定轴转动、整体倾倒。

定向倒塌时，爆破缺口的高度（图 8-8）应当满足的条件是：楼房运动至爆破切口闭

合时，楼房的重心移出闭合支点，如图 8-9（a）所示，此时缺口的最小高度为

$$h_{\min} = \frac{B^2}{H_g} \tag{8-20}$$

若重心高度刚好为建筑高度的一半时，缺口的最小高度为

$$h_{\min} = \frac{2B^2}{H} \tag{8-21}$$

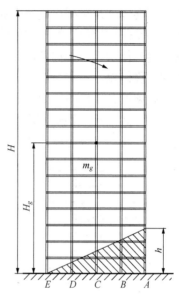

图 8-7　定向倒塌工程实例　　　　　　　　图 8-8　楼房定向倾倒爆破方案示意图

若切口闭合时重心不能完全外移，如图 8-9（b）所示，则要求切口闭合时楼房的运动速度或冲击力足以使结构整体或部分破坏失稳，形成楼房倒塌、落地。

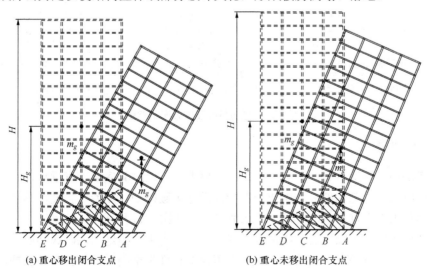

(a) 重心移出闭合支点　　　　　　　　　　　(b) 重心未移出闭合支点

图 8-9　楼房定向倾倒原理图

采用定向倾倒爆破方案时，后排支撑至关重要，既要能形成转动铰，又要有足够的支撑强度，使楼房能够形成定向转动，保证满足倒塌条件。

8.3.2　折叠倒塌

当需要爆破拆除的楼房高度较大，或其场地环境不能满足定向倾倒要求时，可以实施折叠倒塌爆破拆除方案。

采用折叠爆破是在楼房底部设计定向倾倒爆破切口的同时，在楼房上部适当部位设计一个或多个爆破切口，按一定的时差顺序爆破，因此折叠爆破也可以认为是将楼房分层实施"定向倒塌"。根据各楼层的倒塌方向的不同，折叠倒塌分定向（单向）折叠倒塌和双向折叠倒塌。

单向折叠指各倒塌楼层倒塌方向指向同一方向，常用的有两切口单向折叠，图 8-10（a）和三切口单向折叠爆破（图 8-10（b））；双向交替折叠指各楼层组顺序起爆时，上下层结构一左一右地交替定向连续折叠倒塌（图 8-10（c））。

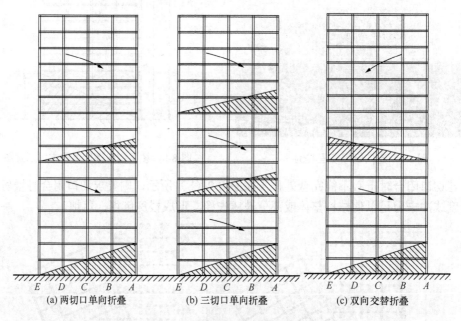

| (a) 两切口单向折叠 | (b) 三切口单向折叠 | (c) 双向交替折叠 |

图 8-10　楼房折叠爆破方案示意图

8.3.3　原地坍塌

若楼房周边场地有限，不满足倒塌堆积要求，可以对其底部所有承重柱、墙体实施爆破，同时对其上部的部分楼层或局部梁柱进行爆破松动，以减弱强度，爆破后的楼房将在重力作用下垂直塌落，实现"原地坍塌"，如图 8-11 所示。

原地坍塌爆破拆除方案，楼房以垂直下落运动为主，原地坍塌时底部应有一定的爆破高度，以保证爆破后的楼房有一定的下落速度和堆积空间，使结构在接触冲击和上部重力作用下能够充分破坏和解体。

在原地坍塌爆破中,应充分利用起爆时差和爆破高度或部位的不同,使楼房上部在下落过程中形成位移和运动速度差,构件承受弯矩、扭矩和局部冲击作用而破坏解体。

8.3.4 逐段解体

逐段解体是指逐段爆破,采用控制爆破手段,使建筑物在重力弯矩作用下逐段解体、坍塌。

以图 8-12 中的框架结构为例,爆破区域主要为框架底部的承重立柱,首先爆破前排立柱,爆破后前排框架形成悬臂状态,结构重力在局部失去支撑的框架内产生重力弯矩,当重力弯矩超过结构的强度时,构件产生破坏,解体并形成塌落。间隔一定的时差,依次爆破第 2 排立柱,3 排立柱……使结构逐跨破坏塌落。

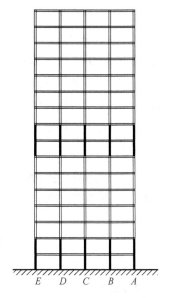

图 8-11 原地坍塌爆破方案示意图

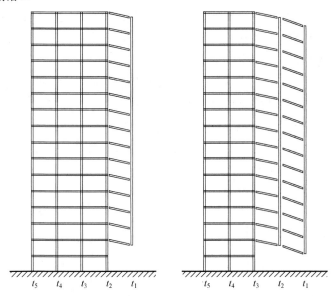

图 8-12 楼房爆破逐段解体坍塌示意图

采用逐跨解体,结构的破坏主要是靠重力荷载和重力弯矩,需要对结构的重力荷载和爆破后结构内的重力弯矩进行准确的计算,确定对部分支撑构件实施爆破后,保留支撑构件能够承受其上的重力荷载和已爆部分的重力弯矩作用,保证失去支撑作用的上部构件将由于重力荷载和重力弯矩的作用产生变形破坏和塌落,此即结构破坏解体需要满足的荷载条件,可以简单地表示为

$$M_g > [M] \tag{8-22}$$

式中，M_g——构件内的重力弯矩；

　　　　$[M]$——构件的抗弯强度。

　　建筑物在局部失去支撑后，由于重力造成的破坏有一个时间过程，破坏的时间与结构的强度、荷载及结构形式有关。若爆破时差小于结构破坏解体所需要的时间，则下一段爆破时，本段的结构整体性得不到破坏，实现不了逐段解体的目的。因此逐段解体爆破的时差必须大于结构破坏解体所需要的时间

$$\Delta t \geqslant t_p \tag{8-23}$$

式中，Δt——段间起爆时差，ms；

　　　　t_p——结构破坏时间，ms。

8.4　高耸建（构）筑物拆除爆破

8.4.1　倒塌条件

　　烟囱、水塔类高耸构筑物的特点是高宽比大，重心高，底部支撑面积小。爆破拆除这类构筑物的常用且最优方案是整体定向倾倒，即在其下部设计一个缺口，爆破炸掉缺口部分，形成偏心支撑，烟囱在重力倾倒力矩的作用下失稳，沿支撑转动而定向倒塌，如图 8-13 所示。爆破缺口平面图，如图 8-14 所示。

　　爆破缺口形成后，环状支撑区呈大偏心受压状态，从静力学的观点分析，支撑截面应分受拉区和受压区，中性轴应是理论上的转动轴（图 8-15）。实际上，爆破后随着烟囱的失稳与运动，支撑区的受力也逐渐变化，转动轴的位置很难确定。因此在设计中按最不利的状态分析：计算倾倒力矩时一般以 $B\text{-}B'$ 为轴线，偏心距为 e，而计算最小切口高度时则以烟囱的最外点 C 计算。

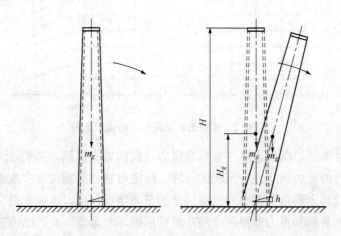

图 8-13　烟囱定向倾倒

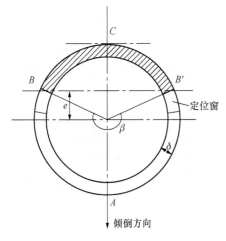

图 8-14　爆破缺口平面图

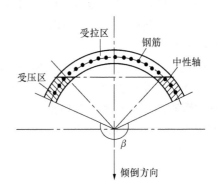

图 8-15　支撑截面的受力示意图

烟囱定向倾倒应当满足的基本条件是：爆破切口闭合时，倾斜烟囱的重心应当超出烟囱缺口闭合的支撑点 A 点，此时的爆破缺口高度称为烟囱的最小爆破缺口高度，用 h_{min} 表示。根据几何相似，可得

$$h_{min} = \frac{2R^2}{H_g} \tag{8-24}$$

式中，R——烟囱爆破缺口处半径，m；

　　　H_g——烟囱的重心高度，m。

烟囱爆破缺口的高度 h 应当大于 h_{min}，一般认为

$$h \geqslant 1.5h_{min} \tag{8-25}$$

对于钢筋混凝土烟囱，支撑部分的钢筋混凝土有一定的抗弯强度，因此，由于重力偏心形成的重力弯矩必须大于支撑部分的抵抗弯矩，烟囱才能实现倾倒，即

$$M_g > [M] \tag{8-26}$$

式中，$M_g=mge$——重力弯矩，N·m；

　　　m——烟囱的质量，kg；

　　　e——偏心距，m；

　　　g——重力加速度，m/s²；

　　　$[M]$——支撑部分的抵抗弯矩。

实现烟囱定向倾倒还要满足：爆破缺口形成后，支撑部分应有足够的支撑力，保证烟囱不整体下坐。

$$\sum \sigma_b S + \sum \sigma S_g \geqslant kmg \tag{8-27}$$

式中，σ_b——混凝土的抗压强度，Pa；

　　　S——支撑部分面积，m²；

　　　σ——钢筋的抗压强度，Pa；

　　　S_g——钢筋的截面积，m²；

　　　k——动力增加系数。

8.4.2　爆破参数

烟囱拆除爆破的参数包括爆破切口参数和炮孔爆破参数。爆破缺口参数是：爆破缺口高度 h、爆破缺口长度 L 和缺口形式。炮孔爆破参数主要是炮孔的孔距、排距、孔深和单孔药量。

爆破缺口所对应的圆心角称为开口角，与开口角对应的圆弧长度即为爆破缺口的长度，因此开口角度控制着烟囱支撑部分与爆破部分，决定了爆破后支撑力和倾倒力矩，是烟囱爆破的关键参数。开口角度与烟囱的高度、底部直径和强度等有关，理论上开口角度应介于 $180°\sim360°$ 之间，工程实际应用值为 $200°\sim240°$，常用值为 $210°\sim230°$。即 $\beta=210°\sim230°$。

$$L = \frac{\pi R}{180}\beta \tag{8-28}$$

$$h = (2\sim3)h_{\min} \tag{8-29}$$

爆破缺口的形式有多种，常用的是梯形缺口和倒梯形缺口，为了保证缺口的准确性，在缺口的两端及中间设计定向窗。如图 8-16 所示。

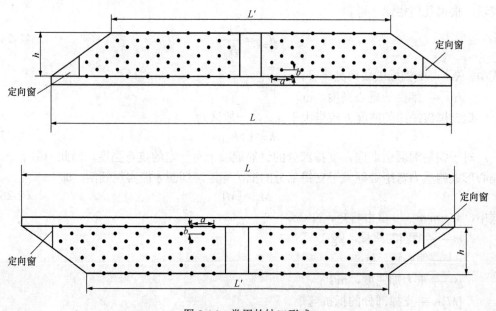

图 8-16　常用的缺口形式

炮眼布置在爆破缺口范围内，炮孔垂直于构筑物表面，指向烟囱中心。一般采用矩形或梅花形布置炮孔，参数根据经验公式确定。

$$l = \frac{2}{3}B \tag{8-30}$$

$$W = (0.55\sim0.6)B \tag{8-31}$$

$$a = (1.2\sim2.0)W \tag{8-32}$$

$$b = (0.8\sim1.0)a \tag{8-33}$$

单孔装药量按体积公式计算

$$Q_i = kab\delta \tag{8-34}$$

式中，δ——烟囱壁厚，m。

工程实例如图 8-17 所示。

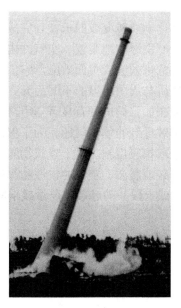

图 8-17　工程实例图

思 考 题

1. 何谓拆除爆破，拆除爆破有哪些技术特点？
2. 拆除爆破原理有哪些，在拆除爆破设计中如何应用？
3. 试简述高耸结构爆破缺口的几何要素？
4. 建筑物爆破拆除解体需要对每个构件实施爆破吗？
5. 建筑物爆破拆除时，构件解体方法包含哪几种方式？
6. 拆除爆破技术设计主要有哪些参数？如何确定？
7. 建筑物失稳塌落通常有哪几种方式？
8. 建筑物拆除爆破采用定向倒塌方案的条件是什么？
9. 试述拆除爆破设计药包最小抵抗线选取的原则并举例说明。
10. 烟囱定向倒塌应满足的基本条件是什么？

第9章 爆 破 安 全

炸药爆炸时，人类利用其化学能转变成的机械功完成一些人工或机械不能或难以完成的工作。但爆炸的同时还将产生爆破地震波、空气冲击波、噪声、个别飞石、毒气等危害作用，这些危害作用亦称危害效应或负面效应。它们对人员、建筑物和设备所造成的危害范围，因爆破规模、性质与周围环境的不同而异。如露天爆破时，地震波与飞石的影响范围较大，空气冲击波在加强抛掷时有显著作用，而松动爆破则几乎没有影响。爆破规模较大时，还要考虑爆破毒气的危害问题。为了保证人员和设备的安全，必须正确计算危害影响范围，以便采取相应措施。对于建筑物与构筑物必须评价其安全程度。对于重要目标必须保证不受爆破地震波、空气冲击波和爆破飞石的破坏，要严格进行安全校核，必要时应减少一次（或一段）的爆破装药量或采取其他安全措施。

9.1 爆 破 振 动

9.1.1 爆破振动的特征

炸药在岩石中爆炸时，在弹性变形区内引起岩石质点的振动称为爆破振动或爆破地震波。地震波有体波和面波。体波又分为纵波（P 波）和横波（S 波）。纵波是由爆源向外传播的一种压缩波，波的传播方向与质点的振动方向一致。横波是由爆源向外传播的一种剪切波，波的传播方向与质点的振动方向垂直。体波在传播过程中，遇到地面、岩层层理和节理时，均会发生反射和折射。面波是只局限于沿介质表面或分界面传播的波，它又分为拉夫波（L 波）和瑞利波（R 波），是造成地震破坏的主要因素。

爆破振动与天然地震（附表 A-16）一样，都是由于能量释放引起的地表振动效应，但天然地震发生在地层深处，其造成破坏的程度主要取决于地震能量（震级）与距震源的距离。爆破振动的装药则是在地表浅层爆炸的，影响的范围相对较小，其造成破坏的程度受地形、地质等因素的影响较大。

爆破振动与天然地震最大的区别之一就是频域特性的差异：天然地震频率低，一般振动主频在 1～10Hz，而爆破振动频率较高，一般爆破振动主频在 10～200Hz。

爆破振动与天然地震另一重要区别在于时域特征，天然地震振动时间较长，一次振动能持续几秒至几十秒，而爆破振动持续时间很短，一次爆破振动持续时间只有几十毫秒至几秒。

研究分析表明，爆破振动波随着传播距离的增加，其振动主频不断降低，说明高频成分振动波随距离增加衰减速度更快，而低频成分振动波随距离增加衰减相对较慢，因此在较远距离上爆破地震波的低频成分起主要作用，表现为爆破振动主频率随距离增加而降低。爆破地震波主频与传播介质特性有关，坚硬的岩石中高频振动波成分丰富，而在软弱风化岩或土层中传播的地震波高频成分衰减更快。

一般爆破规模越大，爆破振动频率越低。如隧道内小直径浅孔爆破在邻近隧道或本隧道内产生的振动主频一般在 100Hz 以上，规模稍大的深孔台阶爆破主振频率大都在 25～70Hz，大规模的硐室爆破的主振频率在 10Hz 左右。

9.1.2　爆破振动的计算

爆破振动强度用介质质点的运动物理量来描述，振动幅值指标有质点振动位移、振动速度和振动加速度。振动加速度可直接反映震动力强弱，而且震动加速度计体积小、量测方便，因此初始阶段大多以振动加速度来表述振动强度，但通过一段时间试用和比较，发现以振动加速度指标作岩体结构破坏标准时分散性很大。

大量的研究表明不同岩石产生破坏的临界振动速度和岩体稳定性有较统一的对应关系，质点振动速度指标与建（构）筑物的破坏和失稳相关性较好。从理论上分析，质点振动速度与应力成正比，而应力又与爆源能量成正比，因此振动速度反映了爆源能量的大小，这也是多数国家选择质点峰值振动速度作为爆破振动判据的原因。

我国颁布的《爆破安全规程》（GB 6722—2014）中使用萨道夫斯基公式计算爆破振动速度值。

$$v = K \left(\frac{Q^{\frac{1}{3}}}{R} \right)^{\alpha} \tag{9-1}$$

式中，v——地面质点峰值振动速度，cm/s；

$\quad\quad Q$——炸药量（齐爆时为总装药量，延迟爆破时为最大一段装药量），kg；

$\quad\quad R$——距爆破点的距离，m；

$\quad\quad K$、α——与爆区地形和地质有关系数和衰减指数。

K、α 值与爆区地形、地质条件和爆破条件相关，但 K 值更依赖于爆破条件的变化，α 值主要取决于地形、地质条件的变化。爆破临空条件好，夹制作用小，K 值就小，反之 K 值大；地形平坦，岩体完整、坚硬，α 值趋小，反之破碎、软弱岩体、起伏地形，α 值趋大。

《爆破安全规程》（GB 6722—2014）列出了 K 值和 α 值与岩性的关系，见表 9-1，数据可供选取，也可通过类似工程选取或现场试验确定。

表 9-1　K 值和 α 值与岩性的关系

岩性	K	α
坚硬岩石	50～150	1.3～1.5
中硬岩石	150～250	1.5～1.8
软岩石	250～350	1.8～2.0

需要指出的是，美国矿务局根据露天矿深孔台阶爆破实测数据提出了爆破振动计算的平方根公式，该式在西方国家被广泛采用。即

$$v = K\left(\frac{R}{\sqrt{Q}}\right)^{\beta} \tag{9-2}$$

式中，β 为衰减指数，其他符号意义同前。

对于建（构）筑物拆除爆破产生的地震波，它区别于岩土爆破的主要特点是：它的药包数量一般比较多，也比较分散，药量比较小，而且药包往往布设在建筑物及其基础上，因而爆破时所产生的地震波是通过建筑物基础向大地传播的。尽管产生爆破地震波的机制二者有所差异，但是，对于爆源附近的建筑物来说，它所受到的地震波作用都主要取决于震源的大小、距离及地震波传播介质的条件，而震源的大小则与一次起爆的炸药量有关。

为了反映拆除爆破特点，计算拆除爆破产生的地面质点峰值振动速度的经验公式，在公式（9-1）的基础上，引入一个修正系数 K'，即

$$v = K \cdot K'\left(\frac{Q^{1/3}}{R}\right)^{\alpha} \tag{9-3}$$

9.1.3　爆破振动安全允许值

《爆破安全规程》（GB 6722—2014）规定了建（构）筑物爆破振动安全允许标准，见表 9-2。

表 9-2　爆破振动安全允许标准

序号	保护对象类别	安全允许质点振动速度 $v/$（cm/s）		
		$f \leqslant 10\text{Hz}$	$10\text{Hz} < f \leqslant 50\text{Hz}$	$f > 50\text{Hz}$
1	土窑洞、土坯房、毛石房屋	0.15～0.45	0.45～0.9	0.9～1.5
2	一般民用建筑	1.5～2.0	2.0～2.5	2.5～3.0
3	工业和商业建筑物	2.5～3.5	3.5～4.5	4.2～5.0
4	一般古建筑与古迹	0.1～0.2	0.2～0.3	0.3～0.5
5	运行中的水电站及发电厂中心控制设备	0.5～0.6	0.6～0.7	0.7～0.9
6	水工隧道	7～8	8～10	10～15
7	交通巷道	10～12	12～15	15～20
8	矿山隧道	15～18	18～25	20～30
9	永久性岩石高边坡	5～9	8～12	10～15
10	新浇大体积混凝土（C20） 龄期：初凝～3 天 龄期：3～7 天 龄期：7～28 天	1.5～2.0 3.0～4.0 7.0～8.0	2.0～2.5 4.0～5.0 8.0～10.0	2.5～3.0 5.0～7.0 10.0～12.0

爆破振动监测应同时测定质点振动互相垂直的三个分量。

注 1. 表中质点振动速度为三个分量中的最大值，振动频率为主振频率。

注 2. 频率范围根据现场实测波形确定或按如下数据选取：硐室爆破 f 小于 20Hz，露天深孔爆破 f 在 10～60Hz 之间，露天浅孔爆破 f 在 40～100Hz 之间；地下深孔爆破 f 在 30～100Hz 之间，地下浅孔爆破 f 在 60～300Hz 之间。

9.1.4　降低爆破振动的技术措施

为了降低爆破地震效应，国内外学者进行了长期的探讨和研究。实践证明，采用以

下综合技术措施，可以有效地降低爆破地震效应。

1. 采用毫秒延时爆破，限制单段爆破的最大用药量

与齐发爆破相比，采用毫秒延时爆破后，毫秒延时段数越多，降振效果越好。试验表明，段间隔时间大于 100ms 时，各段主振幅值不产生叠加；间隔时间小于 100ms 时，各段爆破产生的地震波不能显著分开。有时可能降振，有时又造成叠加。

2. 采用预裂爆破或开挖减振沟槽

当保护对象距爆源很近时，可在爆源与周边介质中设置一条预裂隔振带。在爆破体与被保护物介质之间，钻凿不装药的单排或双排防振孔，也可以起到降振效果。

3. 在爆破设计中可采取的技术措施

选择最小抵抗线方向。沿最小抵抗线方向上的爆破振动强度最小，反向最大，侧向居中。然而最小抵抗线方向又是主抛方向，从减振和控制飞石危害考虑，一般应该使被保护的对象位于最小抵抗线的两侧位置。

增加布药的分散性和临空面。增加布药的分散性和临空面可以减小振动速度公式中的 K 值和 a 值，减小爆破振动的强度。

4. 采用低爆速、低密度的炸药或选择合理的装药结构

理论研究和实践表明，炸药的密度 ρ 与其爆速 D 的乘积越接近爆破介质的 $\rho_0 D_0$ 值，其爆破振动速度越大，反之减小。因此选用低爆速、低密度炸药，或减少装药直径，可降低爆破振动。

选择合理的装药结构，比如在深孔爆破和硐室爆破中采用不耦合和空腔条形药包，可以降低爆压峰值和延长作用于介质的时间。在其他条件相同的情况下，可降低爆破振动峰值，破岩效果改善。

9.2　爆　破　飞　石

9.2.1　爆破飞石产生的原因

爆破飞石是指爆破时个别或少量脱离爆堆、飞得较远的石块或碎块（混凝土块、砖块等）。在爆破中，爆破飞石往往是造成人员伤亡、建筑物和仪器设备等损坏的主要原因。

爆破飞石主要有抛射和抛掷两种形式。抛射飞石多与被爆破介质结构中存在着弱面及爆生裂隙有关，由于炸药在岩体中爆破产生的高压、高速气体遇到裂隙、断层、节理、岩缝等软弱面时产生突然卸载，爆生气体携带爆破产生的岩块及弱面中含有的岩块高速地抛射而形成；而抛掷飞石则主要与抵抗不足或装药过量而产生的爆炸剩余能量有关。抛射飞石的速度往往比较高，抛射距离也较远，影响范围大，对爆破安全的影响也很大。台阶爆破中飞石产生的原因，如图 9-1 所示。

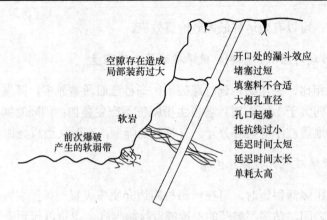

图 9-1　台阶爆破飞石产生原因示意

9.2.2　爆破飞石的安全距离

　　爆破飞石的距离与爆破参数、填塞质量、地质地形等有关，理论和实践中都很难准确计算，硐室爆破中的个别飞石距离常用式（9-4）计算，此式也常用于估算深孔爆破的飞石距离。

$$R_F = 20K_F n^2 W \qquad (9\text{-}4)$$

式中，R_F——个别飞石的距离，m；

　　　K_F——安全系数，一般取 K_F=1.0～1.5；

　　　n——爆破作用指数；

　　　W——最小抵抗线，m。

　　露天浅孔和深孔爆破的飞石距离与抵抗线和单耗密切相关，目前还没有成熟的计算公式。实际工程中，遵照《爆破安全规程》（GB 6722—2014）中对人员的安全距离规定执行，见表 9-3。

表 9-3　爆破（抛掷爆破除外）时个别飞散物对人员的安全距离

爆破类型和方法	个别飞散物的最小安全距离/m
浅孔爆破	200（复杂地质条件下或未形成台阶工作面时不小于 300）
深孔爆破	按设计，但不小于 200
拆除爆破、城镇浅孔及复杂环境深孔爆破	由设计确定

9.2.3　爆破飞石的控制

　　爆破飞石控制，须首先从爆破设计和施工方面着手。爆破前，充分掌握地形地质情况，视防护对象的相对位置及爆破材料特性参数等基本资料，合理确定爆破参数、装药结构、起爆顺序。施工中做到精心施工，措施到位，将爆破飞石控制在设计的安全范围以内。

　　对爆区加以覆盖是防止爆破飞石的有效措施，覆盖材料选择要求强度高、韧性好、质量大，并尽量连成整体。

对于重要建筑物可采用保护性防护，将被保护建筑直接用防护材料、木板、竹帘、草袋覆盖是常用的防护技术措施。

9.3　爆破冲击波

炸药爆炸时，爆炸产物强烈地压缩邻近的空气，使其压力、密度、温度突然升高，形成空气冲击波。炸药量、炸药性质、介质性质及构造、炸药与介质匹配关系、填塞状态及方式、起爆方法等是影响空气冲击波强度的主要因素。气候条件，如风向、风速等也会影响空气冲击波的强度。冲击波在空气中传播随距离增加而衰减成爆破噪声。

空气冲击波的典型压力变化曲线如图 9-2 所示，空气冲击波的破坏作用主要与下列因素有关：

（1）冲击波超压（ΔP）。

（2）冲击波正压区作用时间（t_+）。

（3）冲击波冲量（I）。

（4）受冲击波影响的保护物的形状、强度和自振周期（T）等。

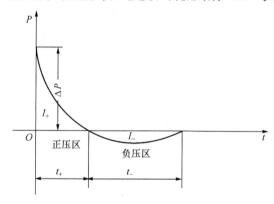

图 9-2　空气冲击波典型压力变化曲线

在空气中爆炸时（TNT 炸药），冲击波超压为

$$\Delta P = \left[0.84\left(\frac{\sqrt[3]{Q}}{R} \right) + 2.7\left(\frac{\sqrt[3]{Q}}{R} \right)^2 + 7\left(\frac{\sqrt[3]{Q}}{R} \right)^3 \right] \times 9.8 \tag{9-5}$$

在地面爆炸时（TNT 炸药），冲击波超压为

$$\Delta P = \left[1.1\left(\frac{\sqrt[3]{Q}}{R} \right) + 4.3\left(\frac{\sqrt[3]{Q}}{R} \right)^2 + 14\left(\frac{\sqrt[3]{Q}}{R} \right)^3 \right] \times 9.8 \tag{9-6}$$

式中，ΔP——冲击波超压，10^4Pa；

　　　R——爆心距，m；

　　　Q——药量，kg。

建筑物的破坏程度与超压关系见附表 A-17、附表 A-18。

露天爆破时，由于炸药能量消耗于破碎和抛掷岩块，因而只有一部分转化为空气冲击波。《爆破安全规程》规定：爆破作用指数 $n<3$ 的爆破作业，对人和其他保护对象的防护，应首先考虑个别飞散物和地震安全允许距离。当需要考虑对空气冲击波的防护时，其安全距离由设计确定。

我国颁布的《爆破安全规程》规定：露天地表外爆破当一次爆破药量不超过 25kg 时，按式（9-7）确定空气冲击波对在掩体内避炮作业人员的安全允许距离

$$R_K = 25\sqrt[3]{Q} \tag{9-7}$$

式中，R_K——空气冲击波对掩体内人员的最小允许距离，m；

　　　Q——一次爆破梯恩梯（TNT）炸药当量，kg；秒延时爆破取最大分段药量计算，
　　　　　毫秒延时爆破按一次爆破的总药量计算。

思 考 题

1. 爆破振动的特征有哪些？
2. 降低爆破振动危害有哪些方法？
3. 怎样控制、预防爆破振动对建（构）筑物、设施的危害影响？
4. 萨道夫斯基公式中，各符号的含义是什么？单位是什么？K、α 如何选取？
5. 爆破飞石是如何产生的？
6. 爆破岩体时，怎样预防爆破个别飞散物（飞石）危害？
7. 什么是爆破冲击波？
8. 怎样防止爆破空气冲击波的有害影响？
9. 为何选取质点峰值速度作为爆破振动的判据？

第 10 章 　 凿岩理论与机具

10.1 　 钻 孔 方 法

　　利用一定的机械工具对岩石进行局部破碎，在岩石中形成一定直径和深度的圆柱状孔洞的过程称为钻孔。钻孔作业是爆破作业的先行工序，所以常有钻孔爆破或凿岩爆破之说。除爆破外，通常意义的钻孔有着更加广泛的用途，如地质勘探、钻井、探水、安装锚杆、锚索等。

　　钻孔有很多方法，如机械方法、水力方法、热力方法和物理化学方法等。最常用的是机械钻孔法，按照钻头破岩机理和方式的不同，钻孔又可分为冲击式、切削式、滚压式和磨削式四种形式。

1. 冲击式钻孔

　　冲击钻孔过程如图 10-1 所示。带有刀刃的钻头在冲击力 P_0 的作用下，侵入岩石并形成一条凿痕 AB，随后将钻头转动一个角度再次冲击时，钻头在岩石上形成一个新的压痕 $A'B'$，当转动角度和冲击与岩石的强度相匹配时，则在第二次冲击形成凿痕 $A'B'$ 的同时将剪切掉 AOA' 和 BOB' 两个扇形体积。不断重复上述动作，即可完成圆形面积的破碎并前进一个深度 h。破碎后的岩屑要不断利用风压或水流排出孔外，以避免重复破碎。这样，冲击—转动连续不断地循环下去，即构成冲击式钻孔过程。冲击破岩适用于中硬以上的脆性岩石钻孔，凿岩机是典型的冲击式钻孔机具。

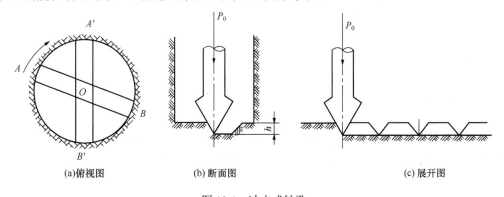

(a)俯视图　　　　　　　(b)断面图　　　　　　　(c)展开图

图 10-1 　 冲击式钻孔

2. 切削式钻孔

　　切削式钻孔过程如图 10-2 所示。带有切割刀具的钻头在轴压力 P 作用下侵入岩石某一深度 h，同时在回转力矩 P_c 作用下克服岩石抗切削强度将岩石一层层地切割下来，钻头运行的轨迹沿螺旋线下降，破碎下的岩屑被排出孔外从而完成钻孔。这样，压入—回转切削连续地进行，即构成切削式钻孔过程。切削式破岩一般适用塑性岩石、煤层和各种土层的钻孔，煤电钻和岩石电钻是典型的切削式钻孔机具。

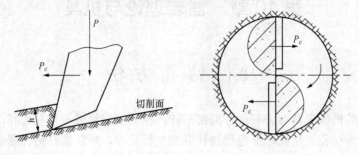

图 10-2　切削式钻孔过程

3. 滚压式钻孔

滚压式钻孔是以牙轮钻头的滚压作用破碎岩石的，如图 10-3 所示。通过钻杆给牙轮钻头施以轴压 P，同时钻杆绕自身轴转动，使得牙轮钻头绕钻杆做公转。而牙轮又绕自身轴做自转，即在岩石上形成滚动。在滚动过程中，牙轮的齿交替接触岩石，牙轮的牙齿压入岩石一定深度对岩石产生挤压和冲击破碎。破碎下的岩屑通过钻头上喷嘴喷出的压缩空气排出孔外。这样，回转—压入和冲击破碎—排粉，连续进行而完成钻孔过程。滚压式破岩适用于大孔径硬岩的钻孔，牙轮钻机是典型的滚压式钻孔机具。

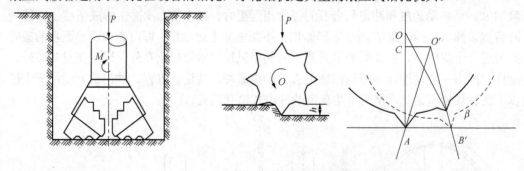

图 10-3　牙轮钻头碾压钻孔过程

4. 磨削式钻孔

凿岩一般采用金刚石钻头在轴向力和扭转力的共同作用下，在岩石表面磨削，并在岩石内形成圆环状孔洞，磨削式钻孔主要用于地质勘探取岩芯和钻井。

10.2　破岩（凿岩）机理

10.2.1　冲击破岩机理

冲击破岩是应用最广泛的一种机械破岩方式，适用于各类中硬和坚硬的岩石。其特点是利用钻具产生的冲击力使岩石发生破碎。冲击过程一般分两步，首先使钻头侵入岩石，然后造成钻头周围岩石的块状崩落。因此，钻头或压头侵入岩石，是冲击破碎岩石的一个最基本过程。如图 10-4 所示。

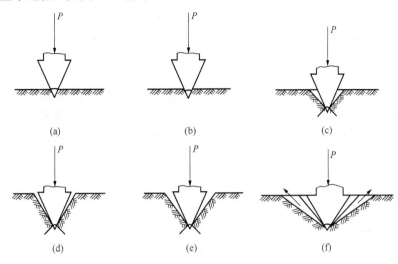

图 10-4　楔形压头侵入岩石的破碎过程

1. 压头侵入岩石的基本过程

压头侵入岩石时，存在下述一些普遍的特征：

（1）压头侵入岩石时，在压头的前方均要出现一个袋状和球状的核。它是物体在承受巨大的压力作用下，发生局部粉碎或显著变形而形成的，称之为密实核。无论什么样的工具、载荷或材料，均在压头前方出现有密实核现象，如图 10-5 所示。

（2）压头侵入岩石的另一个普遍特点是侵入深度不随载荷增长而均衡地增加，而是在加载初期，侵入深度按一定比例增加，当达到某一临界值时，发生突然地跃进现象，这时，密实核旁侧的岩石出现崩碎，载荷暂时下跌，压头侵入到一个新的深度后，载荷再度上升，侵深和载荷又恢复到某种比例关系，如图 10-6 所示。如此循环不已，载荷-侵深曲线一般呈波浪形。

（3）压头侵入后，形成漏斗坑的破碎角的角度变化不大。即岩石在压头作用下发生跃进式侵入之后，崩碎的岩石坑呈漏斗形状，其漏斗坑的顶角的变化不大，如图 10-7 所示。一般漏斗坑顶角保持在 120°～150° 之间。各类岩石的破碎角，见表 10-1。

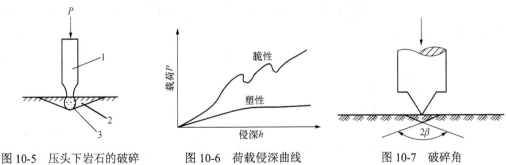

图 10-5　压头下岩石的破碎　　图 10-6　荷载侵深曲线　　图 10-7　破碎角

1. 压头；2. 碎裂区；3. 密实核

表 10-1　一些岩石的自然破碎角

岩石	软黏土页岩	黏土页岩	致密石灰岩	软砂岩	硬砂岩	粗粒大理岩	玄武岩	辉绿岩	细粒花岗岩	硬石英岩
2β	116°	128°	116°	130°	144°	130°	146°	126°	140°	150°

2. 荷载侵深曲线

荷载-侵深曲线是压头侵入岩石的最基本关系，就像应力-应变曲线是材料力学的基础一样。荷载侵深曲线一般都是跃进式的。岩石的性质对跃进的幅度和频数有很大的影响。塑性岩石较软弱，跃进不明显；中等弹性的岩石，跃进比较明显；硬脆的岩石，跃进的频数多，幅度也大，如图 10-8 所示。

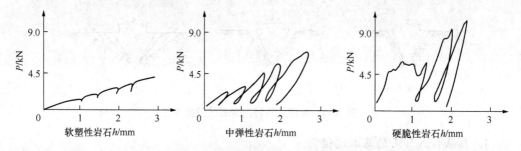

图 10-8　不同性质岩石的荷载侵深曲线

多次重复测定同一种岩石的荷载侵深曲线所得的曲线并不完全重合，而是在一定的范围内有所变化。但多次测定的平均值，却有一定的稳定性。因此，用多次试验的平均关系来表达荷载与侵深之间的联系，更有实际意义。从实际测试结果看，一般认为荷载和侵深的 n 次方成正比，即

$$P = Kh^n \tag{10-1}$$

式中，K 为反映侵入难易的系数（称之为侵入系数），它取决于岩石的坚固性和工具的形状尺寸。n 值一般在 0.5～2 之间，对楔形或长条形压头，n 值近于 1；对于锥形或圆柱形压头，n 值则在 1～2 之间，这是因为破碎角是基本不变的，楔形压头破碎岩石的体积和侵深的平方成正比例，而锥形或柱形压头，破碎岩石的体积是和侵深的立方成正比例的。

3. 侵入比功

压头静力侵入岩石所消耗的功可用载荷侵深的积分来求，它等于荷载侵深曲线和侵深 h 轴所包围的面积，即

$$A = \int_0^h P \mathrm{d}h \tag{10-2}$$

式中，A——侵入功，J；

　　　P——侵入力，kN；

　　　h——侵深，mm。

破碎单位体积岩石所消耗的功称为侵入比功，图 10-9 中 P-h 曲线下面的面积即为侵入功。

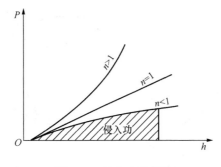

图 10-9　侵入功示意图

10.2.2　切削破岩机理

切削破岩是主要用于软岩破碎的一种机械破岩方法，其特点是依靠钻具的轴压使钻头的钻刃侵入岩石，然后钻刃通过钻具旋转产生的切削力进行切削破岩。切削破岩在煤矿应用较为广泛。

切削破碎现象相对比较复杂，每次切削破碎过程都要经过由小碎块到大碎块的过程，而且切削力的大小与碎块粒度相对应。刀具切削岩石时先挖下的是小碎块，施加的切削力也比较小，而且在小碎块形成的瞬间，切削力要略微下降，随着切削力的增加，破碎下的岩石碎块也相应增大。经过两次或三次的破碎，最后崩裂出大碎块。在大碎块出现的瞬间，切削阻力降到零，呈现多次跃进式切削破碎过程，如图 10-10 所示。

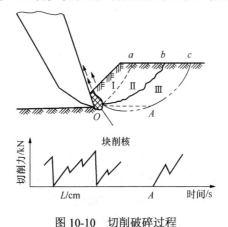

图 10-10　切削破碎过程

切削破碎过程分为以下几个阶段。

1. 变形阶段

如图 10-11（a）所示，假设切削刃尖是带有一定曲率的球体（不可能做成曲率半径为零的刃尖），按赫兹理论剪应力分布，在接触点上剪应力为零，离开该点到岩石内一定距离的剪应力达到极值，过此极值，随着离开接触点距离的增加而下降。最大拉应力发生在接触面边界附近的点。

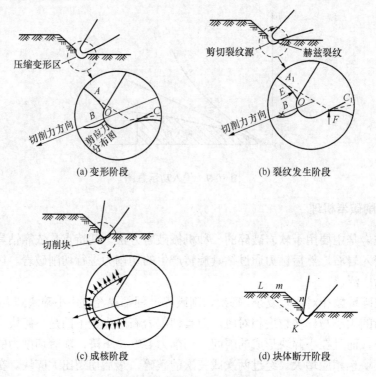

图 10-11　切削破碎过程模型

2. 裂纹发生阶段

如图 10-11（b）所示，当切削力增加，$E \sim F$ 两点的拉应力超过岩石抗拉强度时，该点岩石被拉开，出现赫兹裂纹；B 点剪应力超过岩石抗剪强度时，该点岩石被错开，出现剪切裂纹源。切削力所做功部分转成表面能。

3. 切削核形成阶段

如图 10-11（c）所示，切削载荷继续增加，剪切裂纹扩展到自由面与赫兹裂纹相交。岩石内已破碎的岩粉，被运动的刀体挤压成密实（密度增大）的切削核，并向包围岩粉的岩壁施加压力，其中一部分岩粉，以很大的速度从前刃面与岩石的间隙中射流出去。该阶段，切削力所做功，除小部分转成变形能和动能外，大部分转成表面能。

4. 块体崩裂阶段

如图 10-11（d）所示，荷载继续增加，刀具继续向前运动，在封闭切削核瞬间，压力超过 LK 面的剪力时，发生块体崩裂，刀具突然切入，荷载瞬时下降，完成一次跃进式切削破碎过程。

10.2.3　滚压破岩机理

滚压破岩是靠牙轮滚动产生的冲击压碎和剪切碾碎作用破碎岩石的，根据穿凿矿岩性质不同，牙轮上常用的齿形为球形和楔形，前者用于坚硬岩石，后者用于塑性较大的中硬岩石，牙轮结构如图 10-12 所示。

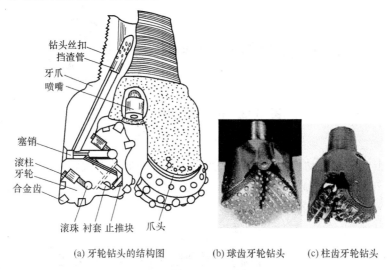

（a）牙轮钻头的结构图　　　（b）球齿牙轮钻头　　　（c）柱齿牙轮钻头

图 10-12　牙轮钻头

对牙轮施加的载荷是轴压力（推力）和滚动力（扭矩）。轴压力使牙齿压入岩石，滚动力使牙轮滚压岩石，造成对岩石的冲击。滚压破岩中剪切和碾碎作用源于如下三个方面：

（1）滚压工具与岩石接触界面上的摩擦力，它对接触面的岩石表面产生碾碎作用。

（2）滚压工具作圆周运动时的向心力，它对滚压工具内侧岩石产生剪切作用。

（3）人为地造成滚刀或牙轮的滑动，从摩擦角度而言，滑动是有害的，但对塑性类的岩石，滑动有助于扩大岩石破碎面积，提高破碎效率。这种破碎岩石的过程类似切削（刮刀），它与切削的区别是在冲击使岩石压碎成许多漏斗的条件下，工具通过滑移而使岩石破碎。

滚压破岩与静压破岩在破碎现象上有许多相似的地方，如跃进式破碎、密实核和岩石破碎角比较稳定等。但不能把滚压当静压来分析，因为外载不同——滚压比静压多一个滚动力；边界条件也不同——滚压不是半无限体的自由面。

滚压破岩既有冲击压碎，又有剪切碾碎作用，破岩机理极其复杂，到目前为止，研究岩石破碎的学者，仅对破碎前的应力状态有明确的观点和论述，而对裂纹的发生、扩展、破碎判据、漏斗的形成等一系列问题还处于研究阶段。

10.3　常用钻孔机械

10.3.1　凿岩机

凿岩机主要用于在硬岩中钻凿中小直径的炮孔，工作原理是冲击式，气缸内的活塞周期性地运动，打击钎杆的尾部，打击力以应力波的形式通过钎杆传至钎头，致使钎头侵入岩石一定深度，每打击一次转动一个角度，如此重复即形成一定深度的炮孔，如图 10-13 所示。

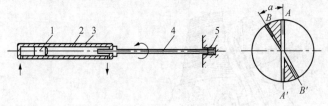

图 10-13　凿岩机工作原理示意图

1. 活塞；2. 缸体；3. 凿岩机；4. 钎杆；5. 钻头

按照冲击式凿岩的动作原理，凿岩机必须具备完成各主要动作和辅助动作的机构和装置：冲击（配气）机构、转钎机构、推进机构、操纵机构、排粉系统和润滑系统。图 10-14 为 YT23 气腿式凿岩机整体图。

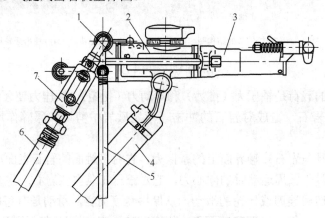

图 10-14　气腿凿岩机整体图

1. 柄体（操纵机构）；2. 气缸（冲击、转钎机构）；3. 机头；
4. 气腿（推进机构）；5. 水管；6. 气管；7. 注油器（润滑机构）

凿岩机种类很多，按照使用的动力可分为风动凿岩机、液压凿岩机、电动凿岩机和内燃凿岩机。常用凿岩机的类型与特点见表 10-2。

表 10-2　凿岩机的类型与特点

类别	风动凿岩机	液压凿岩机	电动凿岩机	内燃凿岩机
动力源	压缩空气	液压	电动机	汽油机
类型	手持式 气腿式 向上式 导轨式	支腿式 轻型导轨式 重型导轨式	手持式 支腿式 导轨式	手持式
特点	结构简单，适应性强，应用广泛；维修使用方便；总效率低，需要压气设备；噪音大	凿岩速度快，总效率较高，动力单一，噪音较小结构复杂，成本高，对维修使用的要求高	总效率高，动力消耗少；动力单一，噪音和振动小适应性较差，用于 $f \leqslant 10$ 的岩石	重量轻，携带方便，适用流动作业功率小，有油烟污染

风动凿岩机以压缩空气为驱动动力，具有结构简单、安全可靠、坚固耐用、适应性强、价格低廉、操作使用方便等特点。它的不足之处是能量利用率低，能量消耗约为同级电动凿岩机的 6～8 倍，是同级液压凿岩机的 4～5 倍；凿岩速度慢，是同级液压钻的一半；噪音大，达到 80～130dB（A）[①]，是同级液压凿岩机的 4～7 倍。气动凿岩机类别和型号较多，适用于具备供气条件的凿岩钻孔。常用的有以下几种：

（1）手持式凿岩机。需要用双手直接扶持凿岩机作业，重量较轻（一般不大于 20kg），冲击功和扭矩都较小，凿岩速度低，一般用于钻凿不超过 2～3m 的浅孔，尤其适用于向下的浅孔，操作时劳动强度大，矿山上已不多用。型号有 Y20、Y24 等。

（2）气腿式凿岩机。重量通常为 22～30kg，带有其支撑和推进作用的气腿，钻孔深度 2～4m，钻孔直径 32～42mm，适宜打水平或倾斜的炮孔。广泛应用于地下掘进、采矿及地面浅孔爆破。常见的型号有 YT26、YT28 等。

（3）向上式凿岩机。带有轴向气腿，适宜于打向上 60°～90°角度的炮孔。多用于采场、天井（竖井）中凿岩作业和巷道中钻凿向上的锚杆孔。钻孔深度 2～5m，孔径以 36～48mm，如 YSP-45 型。

（4）导轨式凿岩机。为重型凿岩机，重量 35～100kg，一般安装在台车上工作，钻孔直径一般为 40～80mm，钻孔深度一般为 5～8m，最大达 30m。如 YG40、YG80、YGZ90。

液压凿岩机以高压油为驱动动力，能量利用率高，动力消耗仅为气动凿岩机的 1/3～1/4，凿岩速度提高 1 倍以上；可以根据岩石情况调整冲击频率和旋转速度，使机器在最佳状态下工作；噪音小、钎具使用寿命长。液压凿岩机与全液压钻车底盘配套使用，有效地提高了钻孔机械化水平。但液压凿岩机与风动凿岩机相比，具有结构复杂、操作维修要求高等特点。液压凿岩机类别和型号较多，适用于各种条件的凿岩钻孔。

电动凿岩机以电动机为驱动动力，并通过机械的方法将电动机的旋转运动转换为锤头对钎尾周期性冲击，具有布置简单、配套设备少、动力单一、能耗低等特点。但其凿岩速度慢，在中等坚硬的岩石中，其凿岩速度约为气腿式凿岩机的一半，故障率较高。

内燃凿岩机以小型汽油机为驱动动力，重量一般 25～28kg，只能钻凿浅孔，且凿岩速度慢、工作可靠性和耐用程度远低于风动和液压凿岩机。优点是自带动力，机动灵活，适合流动作业。

常用凿岩机如图 10-15 所示。

[①] A 表示以 A 声级作为指标模拟人身对 55dB 以下低频反噪声的频率特性。

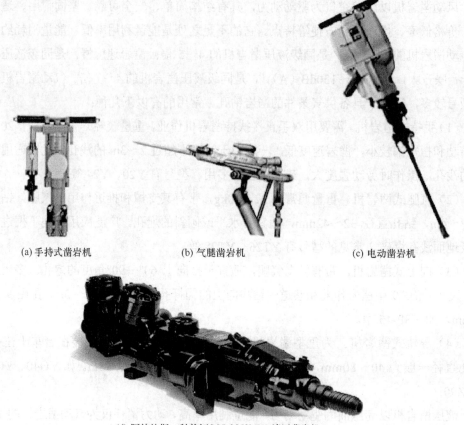

(a) 手持式凿岩机　　　　(b) 气腿凿岩机　　　　(c) 电动凿岩机

(d) 阿特拉斯·科普柯COP 3060MUX液压凿岩机

图 10-15　常用凿岩机

10.3.2　凿岩钻车

凿岩钻车是将凿岩机、推进装置、定位装置等安装在机械底盘或钻架上进行凿岩作业的设备。按照使用的场合分为露天凿岩钻车和地下凿岩钻车。

按驱动动力分，凿岩钻车分为气动凿岩钻车、全液压凿岩钻车、气液联合式凿岩钻车。气动凿岩钻车的凿岩钻孔以及炮孔的定位、定向等动作靠气压传动完成。全液压凿岩钻车配置全液压凿岩机，钻车的全部动作均由液压传动完成。气液联合凿岩钻车除了凿岩机是气动之外，其余动作靠液压传动完成。

露天凿岩钻车（习惯称钻机）一般安装一台凿岩设备，采用履带或轮胎行走，具有整机重量轻，爬坡能力强，能够钻凿多种方位的钻孔，调整钻机位置迅速准确等优点。主要用于硬或中硬岩的钻孔作业，钻孔直径一般为40~100mm，在采石场、水电、交通等工程及小型露天矿山开挖（采）中，凿岩钻车可作为主要的钻孔设备，在二次破碎、边坡处理、清除根底中作为辅助钻孔设备。在中小型露天矿，液压凿岩钻车可取代气动潜孔钻机。

地下凿岩钻车（习惯称台车）分掘进凿岩钻车、采矿钻车和锚杆钻车，其中掘进凿岩钻车安装 2～4 台凿岩设备，钻孔直径大多为 38～64mm，一次推进深度 5～6m，主要用于岩石巷道、隧道涵洞和地下工程爆破掘进时钻孔作业。采矿钻车安装 1～2 台凿岩设备，钻孔直径大多数为 51～115mm，钻孔深度大多数为 10～30m，主要用于金属矿山、井下开采矿场和大型硐室中、深炮孔的钻凿作业，行走方式有轮轨、履带和轮胎三种。

全液压凿岩钻车作为一种集机电液为一体的技术密集型产品，具有节能、高效、成本低和作业条件好等显著优点，是钻机的发展趋势。露天液压凿岩钻机钻孔直径大多在 35～130mm，最大已达到 150mm，钻孔深度大多数在 10～30m。

凿岩钻车当钻孔深度超过 20m 时，由于接杆凿岩能量损失大，效率会显著降低。图 10-16 所示为常用凿岩钻车。

图 10-16　常用的凿岩钻车

10.3.3　潜孔钻机

潜孔钻机是冲击器在孔内提供冲击凿岩的一种钻孔设备，其凿岩原理与凿岩机的凿岩原理一样。所不同的是产生冲击作用的冲击器安装在钻杆的前端，随钻杆的推进潜入孔内，冲击器内的活塞在压风作用下直接打击钻头而破岩，如图 10-17 所示。工作时，钻机的推进机构使钻具连续推进，并使钻具以一定的轴压力施于孔底，保证钻头始终与孔底岩石接触。回转供风机构使钻具连续回转。同时安装在钻杆前段的冲击器，在压风的作用下，使活塞不断地冲击钻头，钻头产生的冲击力破碎岩石。钻具的回转避免了钻头重复打击在相同的凿痕上。压风由回转机构进入，经由中空钻杆直通孔底，把破碎的

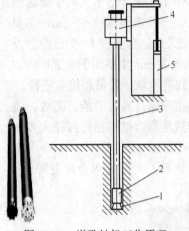

图 10-17 潜孔钻机工作原理

1. 钻头；2. 冲击器；3. 钻杆；
4. 回转供风机构；5. 推进机构

岩粉从钻杆与孔壁之间的环形空间吹到孔外，形成炮孔。

潜孔钻机通常是把潜孔器凿岩机构、回转机构、推进装置、操作装置等安装在机械底盘或钻架上进行钻孔作业。以 KQ-200 型潜孔钻机为例（图 10-18），钻机由钻具、回转供风机构、提升推进机构、钻架及其起落机构、行走机构以及供风、除尘等机构组成。

潜孔钻机可以分为露天潜孔钻机和地下潜孔钻机。

露天潜孔钻机按其质量和钻孔直径分为轻型潜孔钻机、中型潜孔钻机、重型潜孔钻机。

（1）轻型潜孔钻机。轻型潜孔钻机质量较轻，钻孔直径一般在 100mm 左右，钻机质量在 1～5t，不带空压机，主要应用在中小型矿山、采石场，CLQ-80A 属于此类型。

（2）中型潜孔钻机。中型潜孔钻机质量约为 10～20t，不带空压机，钻孔直径为 150mm 左右，适用于中小型矿山，如 KQ-150 型潜孔钻机。

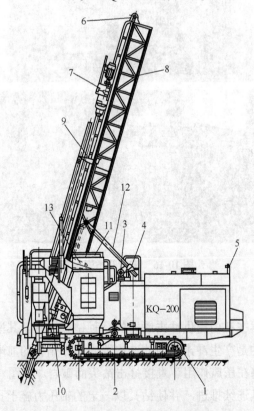

图 10-18 KQ-200 型潜孔钻机

1. 行走履带；2. 行走传动机；3. 钻机起落电机；4. 钻架起落机构；5. 托架；6. 提升链条；
7. 回转供风机械；8. 钻架；9. 送杆器；10. 空心环；11. 干式除尘器；12. 起落齿条；13. 钻架支承轴

（3）重型潜孔钻机。质量在 30t 以上，自带空气压缩机，钻孔直径一般大于 200mm，适用于中型以上矿山，KQ-200 型、KQ-250 型潜孔钻机属于此类型。

冲击器是气动冲击凿岩钻具，工作参数主要有工作气压、冲击能量和冲击频率。按照工作气压，可分为低气压（0.5～0.7MPa）冲击器、中气压（1.0～1.4MPa）冲击器和高气压（1.7～2.46MPa）冲击器。工作气压越高，凿岩速度越快。冲击器在设计时规定了特定的设计压力，在设计压力区段内性能最优，远离设计压力值使用冲击器，不仅不能发挥其应有的效率，反而会导致冲击器不能工作或过早损坏。冲击器的冲击能量应确保钻头的单位比能，这样才能有效地破碎岩石，同时获得较经济的凿碎比能和较高的钻孔速度。冲击能量过大，不仅会造成能量的浪费，还会缩短钻头的寿命。冲击能量过小，不能有效地破碎岩石，并且还降低了钻孔速度。因此，冲击器的选择应依据工作气压、钻孔尺寸和岩石特性等参数进行。

潜孔钻机的钻杆不传递冲击能，只提供回转和轴压，故冲击能量损失很少，可钻凿更深的炮孔。同时，冲击器潜入孔内，噪声低、钻孔偏差小、精度高，潜孔钻机钻孔速度快、适用范围广。露天轻型和中型潜孔钻机在水电、交通、中小型矿山等工程的梯段爆破、预裂、光面爆破中广泛使用，重型和特重型潜孔钻机主要用于大中型矿山和大型石方开挖工程的梯段爆破钻孔。地下潜孔钻机在 VCR 法、阶段矿房法、深孔分段爆破法采矿中广泛应用。常用潜孔钻机如图 10-19 所示。

图 10-19　常用潜孔钻机图

10.3.4 牙轮钻机

牙轮钻机是采用滚压式破岩的大型钻机，工作时钻机通过钻杆对牙轮钻头施加很大的轴压和扭矩，使牙轮钻头的牙齿压入岩石，牙轮钻头在自转的同时随钻杆公转，牙齿交替接触岩石破岩，压气通过钻杆钻头将岩粉排除孔外，完成钻孔过程。牙轮钻机的工作原理如图 10-20 所示，国产 KY-310 牙轮钻机的结构如图 10-21 所示。

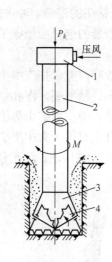

图 10-20　牙轮钻机工作原理

1. 回转供风系统；2. 钻杆；3. 钻头；4. 牙轮；
P_k—轴压力；M—回转力矩

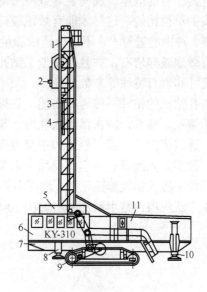

图 10-21　KY-310 牙轮钻机结构

1. 钻架装置；2. 回转机构；3. 加压升降系统；4. 钻具；
5. 空气增加净化装置；6. 司机室；7. 平台；8、10.千斤顶；
9. 履带行走机构；11. 机械室

牙轮钻机具有钻孔效率高，生产能力强，作业成本低，机械化、自动化程度高，适应各种硬度矿岩钻孔作业等优点，是大型露天矿广泛使用的钻孔设备。但牙轮钻机价格贵，设备重量大，初期投资大，要求有较高的技术管理水平和维护能力。

我国从 20 世纪 60 年代起研制牙轮钻机，在 20 世纪末形成了比较完整的两大系列产品：KY 系列和 YZ 系列，其中 KY 系列牙轮钻机钻孔直径 120～310mm，YZ 系列牙轮钻机钻孔直径 95～380mm。国外型露天矿牙轮钻机钻孔直径由 310mm、380mm 已趋向406mm、445mm，最大钻直径已达 559mm；轴压力近 750kN；最大排风量达到近110m³/min。常见牙轮钻机如图 10-22 所示。

图 10-22　常用的牙轮钻机

思　考　题

1. 按照破岩机理的不同，机械钻孔法通常包含哪几类？
2. 潜孔钻机有哪些优点？
3. 切削过程分成哪几个阶段？
4. 滚压破岩的机理是什么？
5. 牙轮钻机的特征是什么？其主要的优点是什么？

第 11 章　爆破工程室内实验指导

本实验指导包含四个实验：炸药的爆速测定、炸药猛度的测定、爆破网路实验、SHPB实验。实验是爆破工程课程必不可少的组成部分，本实验属于应用性实验。

11.1　实验注意事项

11.1.1　遵守实验室的各项规章制度

（1）参加实验人员必须熟悉有关炸药爆炸的基本性质和安全操作规程。一般应具备爆破员所应掌握的基本教程内容和技能，不具备的由实验指导教师引导实验并负责安全。

（2）进入实验室、爆破室，要严肃认真，保持安静。

（3）使用精密仪器要严格执行操作规程，发生故障应及时报告。

（4）保持实验室整洁，实验后应当清扫干净，恢复到正常状态。

（5）炸药要按照规定领取、使用和销毁。

11.1.2　做好实验前准备

（1）预习实验指导，明确实验目的、方法和步骤。

（2）实验前要对主要仪器、设备有一定了解，并能独立操作使用。

（3）了解本次实验需要记录的数据、处理方法，事先做好记录表格。

11.1.3　认真做好实验

（1）理解对本实验的讲解和要求。

（2）检查仪器、设备和材料是否满足实验要求。

（3）领取火工品，并要妥善保管。

（4）实验时，应有严格的科学作风，认真按实验指导中所要求的方法、步骤进行。

（5）在接线布置通电后，须实验室教师检查确认后再行起爆。一次起爆药量要严格按事先规定执行，不准任意超量爆破。

（6）实验过程，应密切观察实验现象，随时进行分析，遇有异常，及时总结。

（7）通过实验提高学生动手能力以及分析问题、解决问题的能力，因此，要求学生自己动手，如发现新的现象需要加以验证时，可以提出方案，由实验室教师予以安排。

11.1.4　做好实验总结报告

（1）对每次实验，除演示性外，一般应独立写出书面实验报告。

（2）实验数据应保持原始材料，根据数据处理和误差分析的要求给出实验误差。如实验只进行一次性演示，则应作定性误差分析。

（3）根据实验所得结果，观察现象，对思考问题进行讨论和回答。

11.2　炸药的爆速测定

11.2.1　概述

电离探针爆速测定方法具有设备简单，操作容易，且测量精确性高的特点，现已成为测量爆速的主要方法。

11.2.2　实验目的

炸药的爆速测定实验利用探针（电离型导通传感器）短路导通而产生电脉冲信号，并用示波器或计数器加以记录，测得炸药的爆速。

11.2.3　设备材料

导爆索或乳化炸药、电雷管、爆破电桥、起爆器、直尺、0.2～0.3mm 漆包线、示波器、瞬态记录仪等，如图 11-1 所示。

（a）漆包线

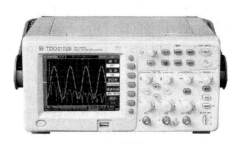

（b）示波器

图 11-1　爆速测量所用材料

11.2.4　原理和方法

探针垂直药包或导爆索轴线插入被测距离两端。当爆轰波到达时，使原来处于断开状态的探针短路导通而产生电脉冲信号，探针测爆速方法示意图和电路图如图 11-2 所示。

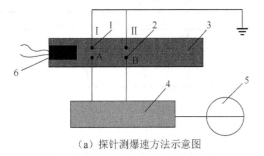

（a）探针测爆速方法示意图

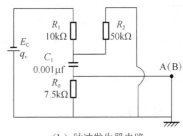

（b）脉冲发生器电路

图 11-2　探针测爆速示意图和电路图

1、2. 探针；3. 药包；4. 脉冲发生器；5. 示波器；6. 雷管

爆轰波未到达前探针 A（B）处于开路状态，电源 E_c 通过电阻 R_1，R_0 向电容 C_1 充电。当爆轰波到达探针 A（B）处时，使探针 A（B）瞬时短路，电容 C_1 两端的电荷经电阻 R_2、R_0 迅速放电。此时，在电阻 R_0 上获得一个衰减的脉冲信号。由同轴电缆输入示波器，使用两组（或多组）转换电路，用它输入给示波器波形，量取两个脉冲的间距，根据示波器的扫描速度即可算出爆轰波到达探针 A（B）处的时间间隔，求得爆速。

11.2.5　实验步骤

（1）将被测试导爆索截取一定长度（1m）或将炸药分次装入塑料筒中，均匀捣实并按式（11-1）计算装药密度，即

$$\rho = \frac{4G}{\pi d^2 H} \tag{11-1}$$

式中，G——炸药重量，g；
　　　d——药柱内径，cm；
　　　H——装药高度，cm。

（2）用游标卡尺精确测量 I 到 II 点的距离。

（3）将测试所需的探针插入，探针的前端必须在炸药的中心线上，并使两探针间距离为 1~1.5mm，用胶布将其固定牢靠，再用万用表检查，两对探针之间不能接通，同一对探针两端不能短路。

（4）将被测导爆索、被测药卷放在爆炸室。

（5）把装好胶片或储存卡的照相机固定在示波器上。

（6）起爆并将示波器图像拍下、读数。

11.2.6　实验记录及处理结果

爆速计算公式

$$v = D/t \tag{11-2}$$

将实验记录及处理结果记入表 11-1。

表 11-1　电离探针测爆速实验记录表

炸药名称	炸药数量/g	两探针距离 D/mm	时间间隔 t/μs	爆速 v/（m/s）

11.2.7　注意事项

（1）雷管、炸药、导爆索使用规则同前所述，要在防护罩内截取导爆索。

（2）注意控制好电源，其勿和示波器电源相接触。

（3）炸药放入爆炸室和起爆要按爆炸室起爆有关规定执行。

11.3　炸药猛度测定

11.3.1　概述

猛度测定常采用的方法是铅柱压缩法。炸药猛度测定实验是利用一定规格的铅柱体，在一定重量、一定形状尺寸炸药爆炸作用后的铅柱体被压缩量作为该炸药的猛度计量，单位以毫米计。

11.3.2　实验目的

了解常用炸药做功性能（爆力、猛度）的测定方法，掌握利用铅柱压缩实验测量固体炸药的猛度。

11.3.3　设备材料

乳化炸药、电雷管、铅柱、起爆器、天平、卡尺、钢板、牛皮纸筒等。

11.3.4　试样制备

（1）裁剪一块 150mm×65mm 的牛皮纸，粘成内径为 40mm 的圆筒，再剪裁直径为 60mm 的圆形牛皮纸片，并沿着圆周边剪开，剪到直径为 40mm 的圆周处，将剪开的边向上折成锯齿状，粘贴到圆筒的外面，称量制作好的牛皮纸圆筒。

（2）乳化炸药装药（截取一段乳化炸药，型号：2 号岩石乳化炸药）用小勺将乳化炸药装入纸筒中并称量，乳化炸药质量取 50.0±0.1g。

（3）制作带孔的纸板，用手将纸板轻压在盛有炸药的纸筒上，装药直径为 40mm。

（4）测量装药高度，计算装药密度。

（5）在装药中心处插入电雷管，插入深度为 15mm。

11.3.5　测量准备

（1）铅柱应在 400±10℃温度条件下一次铸成，加工精度为▽4。铅柱尺寸：高为 60±0.5mm，直径为 40±0.2mm。

（2）实验时放置铅柱表面的钢片尺寸：高为 10±0.2mm，直径为 41±0.2mm；表面加工精度▽▽600 钢片的硬度为 150～200 布氏硬度。

（3）实验时放置铅柱的钢座应符合下列尺寸：厚度不少于 20mm，直径和边长不少于 200mm。

（4）装炸药纸筒为 0.15～0.2mm，直径 65mm，高 150mm 的结实的纸筒，覆盖纸筒上的纸板为外径为 38～39mm，在圆纸板中央穿一小孔，以供放置雷管用。

11.3.6　操作步骤

（1）称取 50g 炸药式样，精确到 0.1g，装入纸筒，装药密度为 0.85～1.05g/cm³，炸药上部放一圆环纸片，装药上部中心留有直径 7.5mm 的孔穴，供放置雷管用（只能在现场起爆前插入雷管）。

（2）将铅柱底面划二条垂线，作为测量记号，测量其平均高度。

（3）将炸药、铅柱、钢板、钢片和雷管等按图 11-3 所示捆好放入爆炸室。待爆炸后铅柱呈蘑菇状，再用卡尺分别在原测量点测量被压缩的铅柱高度，用四个测量点测量，取平均值，精确到 0.1mm。

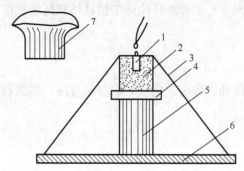

图 11-3　炸药猛度测定法——铅柱压缩法实验装置

1. 雷管；2. 炸药；3. 细绳；4. 钢片；5. 铅柱；6. 钢板；7. 爆炸后被压缩的铅柱

猛度 X 单位以 mm 计，公式为

$$X = H - H_1 \tag{11-3}$$

式中，H——爆炸前测得的铅柱高度，mm；

　　　H_1——爆炸后测得的铅柱高度，mm。

11.3.7　实验记录

按 GB 12440—1990《炸药猛度试验铅柱压缩法》标准规定：每份试样平行进行两个测定，取其平均值，精确到 0.1mm。平行测定误差不超过 1mm，若平行测定超差，允许重新取样，平行做三个测定进行复验。根据式（11-3）计算所测炸药的猛度。按表 11-2 填写实验记录。

表 11-2　炸药猛度实验记录表

编号	炸药名称	药筒内径/cm	装药长度/mm	装药量/g	装药密度/(g/cm³)	铅柱高度 H_1/mm					爆炸后铅柱高度 H_2/mm					猛度/mm $X = H_1 - H_2$
						1	2	3	4	平均	1	2	3	4	平均	
1																
2																

11.3.8 注意事项

（1）装药时要小心，轻拿轻放，按规定的装药密度装填，使用铜棒或木棒分次压入。

（2）按图 11-3 所示捆绑，放入爆炸室，注意雷管需在爆炸前插入药柱。

（3）专人连线放炮。

（4）如果发生不爆事故，需等待 5min 后再进入爆炸室检查。如发生爆炸，需等排风后再进入爆炸室。

11.4 爆破网路实验

11.4.1 概述

爆破网路是设计爆区内炮孔按照设计好的延期时间，从起爆点依次起爆的网路结构，实验主要模拟爆破现场起爆网路，以导爆管、导爆管雷管等组成的导爆管爆破网路为主。

11.4.2 实验目的

通过爆破网路实验，使学生了解导爆管雷管的结构，掌握发爆器配起爆针起爆导爆管网路的方法，了解提高导爆管爆破网路起爆可靠性的途径，能够正确设计、连接和检查导爆管起爆系统，能够可靠起爆自行设计的导爆管网路，为今后实际应用导爆管起爆网路奠定基础。

11.4.3 设备材料

电雷管、非电雷管、导爆管、电桥、起爆器、四通、卡口钳、剪刀、工业胶布等。

11.4.4 实验方案

模拟三排炮孔同时起爆，每排 5 个炮孔，每孔两发导爆管雷管，排间不设置延期雷管。非电网路图如图 11-4 所示。

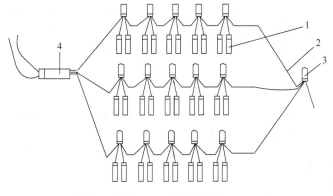

图 11-4 非电网路图

1. 非电雷管；2. 导爆管；3. 四通；4. 电雷管

11.4.5　实验步骤

（1）检查雷管网路是否完好。

（2）根据要求将雷管按串（或并）联连接好，电雷管结点用工业胶布缠牢；非电管结点用四通连接，并用卡口钳将管箍卡紧。

（3）将接好的网路拿入爆炸室，由专人负责连接导线，其余人员撤离现场，导线接好后，将爆炸室的门关好。

（4）将起爆导线与起爆器相连，充电后待电压达到要求时，警示其他人员后，再起爆。

（5）爆后将爆炸室的门打开，启动风机，通风 5min 后，进入爆炸室，检查是否完全起爆；若有拒爆，说明网路连接有问题。

11.4.6　注意事项

（1）对爆破器材要轻拿轻放，切不可大意。

（2）细心检查网路连接的是否正确。

（3）测量电雷管电阻，一定要用爆破电桥，切不可用万用表代替。

11.5　SHPB实验

11.5.1　概述

进入 20 世纪中叶后，随着科技的进步，在岩石动态性能研究领域涌现出大批高精密的大型测试仪器以及先进的测试手段，人们能够在非常宽的应变率范围内对岩石进行试验。其中分离式霍普金森杆实验装置（SHPB）可以非常容易地获取脉冲应力波的应力和应变率随时间变化的时程曲线，并通过简单的运算得到受测材料的动态应力-应变曲线，进而实现对材料的动态力学特性全面地分析研究，从而建立起材料的动态本构模型。同时，由于造价与实验成本较低，自 1949 年 Kolsky 提出分离式 Hopkinson 压杆以来，这一实验技术得到了长足的发展并日趋完善，目前已被国内外学者广泛应用于各种材料的动态力学测试中，成为研究高应变率下材料本构特性的重要技术手段之一，该系统能够在应变率 $10^2 \sim 10^4 s^{-1}$ 范围内对材料开展冲击压缩研究。

11.5.2　实验目的

SHPB 实验采用分离式霍普金森压杆（SHPB）来测试材料的动态力学性能，进而得出材料在高应变率下的应力应变关系。

11.5.3　SHPB 装置

SHPB 装置由动力系统、撞击杆（子弹）、输入杆、输出杆、吸收杆和测量记录系统组成，如图 11-5 所示。其中测量记录系统如图 11-6～图 11-10 所示。包括超动态测试

分析仪（图 11-7）、超动态应变仪（图 11-8）、自动动力控制系统（图 11-9）、测速仪
（图 11-10）。

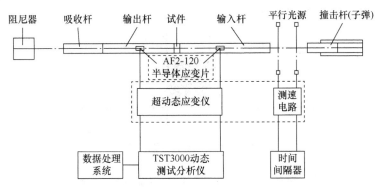

图 11-5　SHPB 实验系统简图

图 11-6　中国矿业大学（北京）SHPB 实验装置

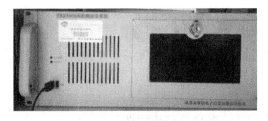

图 11-7　超动态测试分析仪

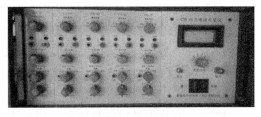

图 11-8　超动态应变仪

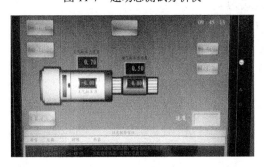

图 11-9　自动动力控制系统

图 11-10　测速仪

11.5.4　原理和方法

SHPB 实验原理如图 11-11 所示。

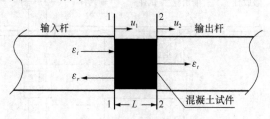

图 11-11　SHPB 实验原理

　　试验中，撞击杆以一定的速度沿轴向方向撞击输入杆，输入杆中就产生一束压缩应力波，同时输入杆和输出杆发生弹性变形，然后应力波在杆中作一维传播。当应力波到达试件与输入杆接触的 1—1 界面时，由于混凝土试件的波阻抗小于输入杆的波阻抗，因而将反射一个卸载波到输入杆中，同时也将透射一个压缩波进入试件中。同样的，当冲击波在传播一个试件长度后，在试件与输出杆的 2—2 界面发生反射与透射，分别进入试件与输出杆。随后反射回试件的应力波将继续在 1—1 界面与 2—2 界面之间不断反射与透射。当应力波在两个界面之间反射三四个来回后，一般地，试件达到应力平衡。当试件的长度与应力波的矩形脉冲长度相比足够小的情况下，可当作应力波反射一个卸载波到输入杆中，同时经过试件透射一个加载波到输出杆中。利用粘贴在输入杆和输出杆上的应变片记录下的应力脉冲，所记录的数据根据三波法经过一系列的数据处理得出材料的动态应力-应变关系，从而判断材料的变形和破坏情况，获得材料的动态力学性能数据。

　　假定输入杆与输出杆的横截面面积都为 A_0，弹性波波速为 C_0，压杆的弹性模量为 E_0，被测试件的横截面积为 A，试件的长度为 L，1—1 界面、2—2 界面和试件的应力分别为 $\sigma_1(t)$、$\sigma_2(t)$、$\sigma(t)$，输入杆的入射波和反射波应变分别为 ε_i、ε_r，输出杆的透射波应变为 ε_t。u_1、u_2 分别表示试件左右两端面的质点速度，试件的平均应变为 ε，试件的应变率为 $\dot{\varepsilon}$。

　　根据应力波传播理论基础和一维应力假设，并根据位移连续性条件，1—1 界面和 2—2 界面的运动速度 $u_1(t)$、$u_2(t)$ 的具体表达式为

$$u_1(t) = C_0\left[\varepsilon_i(t) - \varepsilon_r(t)\right] \tag{11-4}$$

$$u_2(t) = C_0\varepsilon_t(t) \tag{11-5}$$

单位时间内试件所产生的应变（应变率）为

$$\dot{\varepsilon}(t) = \frac{u_1(t) - u_2(t)}{L} = \frac{C_0}{L}\left[\varepsilon_i(t) - \varepsilon_r(t) - \varepsilon_t(t)\right] \tag{11-6}$$

试件在时间 t 内的应变为

$$\varepsilon(t) = \frac{C_0}{L}\int_0^t\left[\varepsilon_i(t) - \varepsilon_r(t) - \varepsilon_t(t)\mathrm{d}t\right] \tag{11-7}$$

根据作用力和反作用力相等的原理，在 1—1 界面和 2—2 界面处的应力为 $\sigma_1(t)$、$\sigma_2(t)$，并应该满足公式为

$$A\sigma_1(t) = A_0 E_0 \left[\varepsilon_i(t) + \varepsilon_r(t) \right] \tag{11-8}$$

$$A\sigma_2(t) = A_0 E_0 \varepsilon_t \tag{11-9}$$

故被测试件中的平均应力 $\sigma(t)$ 为

$$\sigma(t) = \frac{\left[\sigma_1(t) + \sigma_2(t) \right]}{2} = \frac{A_0 E_0}{2A} \left[\varepsilon_i(t) + \varepsilon_r(t) + \varepsilon_t(t) \right] \tag{11-10}$$

由试件实测的入射波 $\varepsilon_i(t)$、反射波 $\varepsilon_r(t)$ 和透射波 $\varepsilon_t(t)$ 三个波形数据，根据公式 (11-6)、(11-7) 和 (11-10)，就可以计算得出试验过程中试件的应力 $\sigma(t)$、应变 $\varepsilon(t)$ 和应变率 $\dot{\varepsilon}(t)$，利用上面三个公式进行数据处理的方法通常被称为"三波法"，也就是"三波公式"。

应力波在岩石试件内部经过几个来回的反复透射反射后，会在试件中建立起平衡条件和试件内部应力达到处处相等的状态，此时有 $\varepsilon_i + \varepsilon_r = \varepsilon_t$，将该条件带入到三波公式中可以得到公式为

$$\dot{\varepsilon}(t) = -\frac{2C_0}{L} \varepsilon_r(t) \tag{11-11}$$

$$\varepsilon(t) = \frac{2C_0}{L} \int_0^t \varepsilon_r(t) \mathrm{d}t \tag{11-12}$$

$$\sigma(t) = \frac{A_0 E_0}{A} \varepsilon_t(t) \tag{11-13}$$

式中，ε_r 和 ε_t 分别为杆中反射波与透射波作用时的应变；采用上面三个公式将所采集的应力波形进行计算得出应力、应变和应变率的方法称为"二波法"，该方法大大简化了数据处理过程，从而能快捷、准确地得出试件的应力-应变曲线。

11.5.5　试样制备

（1）试样可以为岩石或混凝土材料，此处以混凝土为例。先制备一定强度标准的混凝土胚体，按照预先计算好的配合比经过拌合、装模、振捣、拆模，然后放入标准养护室（温度 20±2℃，湿度 95%以上）养护 28 天。

（2）试件在标准养护室养护达 28 天后取出晾干并运往试件加工厂，制作成与压杆同直径圆柱体试件，如直径 75mm，高为 50mm。

（3）试件打磨。因为混凝土为典型的脆性材料，破坏应变很小，如果试件两端面不平行、不平整，将会使得试件端面和压杆端面不能很好地接触，导致试件端面受力不均匀，甚至在入射波的上升沿就达到破坏提前失效，不能满足试件受力的"均匀性"假定，所以，为了保证试验的顺利进行，就必须将试件两端的不平整度控制在 0.02mm 以内，如图 11-12 所示。

图 11-12 制备的混凝土试件

11.5.6 实验步骤

（1）打开动态测试分析仪、超动态应变仪和测速仪。

（2）在 ϕ75mm SHPB 系统中，装入长度为 400mm 的子弹，在输入杆与输出杆距试件端面 1000mm 处贴好应变片。调整压杆系统装置，进行实验前试冲击，得出其标定 K 值。

（3）进行试验冲击试验，在混凝土试件两端面涂抹一层凡士林，将试件安放在输入杆与输出杆中间，并用两杆挤紧；将动态分析仪设置为采集状态，速度测试仪复位后，控制自动动力加载系统对试件进行冲击。

（4）冲击完成后，记录子弹的冲击速度，分析仪中的入射波、反射波及透射波形，如图 11-13 所示。

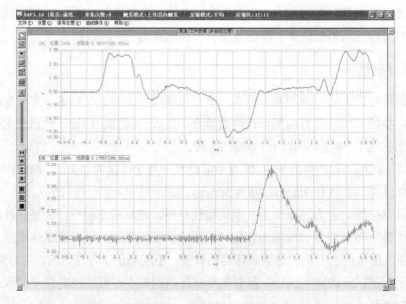

图 11-13 实验采集的入射波、透射波和反射波

（5）应用经典二波法或三波法的相关理论，由输入杆和输出杆的电压与时间的关系图推导出混凝土（砼）试件的应力与应变关系。

11.5.7 注意事项

（1）打开电源开关。操作前，必须检查是否有漏电现象。

（2）工作完成后，关闭电源，清理设施。

（3）机械器具带电部位若有接触之虞时，应设护圈或绝缘被覆。

（4）插座及线路的连接应良好，避免接触不良。

（5）气瓶存放区域禁止烟火，不得有明火，严禁在气瓶瓶体上引弧或将瓶体置于火焰边。

参考文献

Б·Н·库特乌佐夫，等. 1992. 爆破工程师手册. 刘清泉，刘学山，毕卫国，译. 北京：煤炭工业出版社.

北京工业学院八系. 1979. 爆炸及其作用（上册）. 北京：国防工业出版社.

采矿手册编辑委员会. 1990. 采矿手册（1-4卷）. 北京：冶金工业出版社.

蔡福广. 1994. 光面爆破新技术. 北京：中国铁道出版社.

戴俊. 2005. 爆破工程. 北京：机械工业出版社.

东兆星，邵鹏. 2005. 爆破工程. 北京：中国建筑工业出版社.

冯叔瑜，等. 1963. 大量爆破设计及施工. 北京：人民铁道出版社.

冯叔瑜，吕毅，杨杰昌，顾毅程. 1996. 城市控制爆破. 2版. 北京：中国铁道出版社.

冯叔瑜，吕毅，杨杰昌. 2000. 城市控制爆破. 2版. 北京：中国铁道出版社.

冯叔瑜，马乃耀. 1980. 爆破工程. 北京：中国铁道出版社.

冯叔瑜. 1992. 爆破员读本. 北京：冶金工业出版社.

顾毅成，张永哲，金骥良. 2006. 爆破安全技术知识问答. 北京：冶金工业出版社.

顾毅成. 2004. 爆破工程施工与安全. 北京：冶金工业出版社

管伯伦. 1993. 爆破工程. 北京：冶金工业出版社.

国家安全生产监督管理局，国家煤矿安全监察局. 2016. 煤矿安全规程. 北京：煤炭工业出版社.

何广沂. 2000. 工程爆破新技术. 北京：中国铁道出版社.

姜彦忠. 1994. 爆破技术基础. 北京：中国铁道出版社.

蒋荣光，刘自锡. 起爆药. 2005. 北京：兵器工业出版社.

金骥良，张永哲. 1996. 爆破作业人员安全技术知识问答. 北京：冶金工业出版社.

赖海辉. 1991. 机械岩石破碎学. 长沙：中国工业出版社.

林从谋，赵锦桥. 1998. 工程爆破实用技术. 北京：煤炭工业出版社.

林德余. 1993. 矿山爆破工程. 北京：冶金工业出版社.

刘殿中. 1999. 工程爆破实用手册. 北京：冶金工业出版社.

刘运通，高文学，刘宏刚. 2006. 现代公路工程爆破. 北京：人民交通出版社.

刘自锡，蒋荣光. 2003. 工业火工品. 北京：兵器工业出版社.

刘祖亮，陆明，胡炳成. 1995. 爆破与爆炸技术. 南京：江苏科学出版社.

龙维祺，等. 1992. 爆破工程（上、下册）. 北京：冶金工业出版社.

隆泗，刘飞. 2002. 矿山生产技术与安全管理. 成都：西南交通大学出版社.

陆明. 2002. 工业炸药配方设计. 北京：北京理工大学出版社.

吕春绪，刘祖亮，倪欧琪. 1994. 工业炸药. 北京：兵器工业出版社.

孟吉复，惠鸿斌. 1992. 爆破测试技术. 北京：冶金工业出版社.

庙延钢，王文忠，王成龙. 2005. 工程爆破与安全. 昆明：云南科技出版社.

庙延钢，张智宇，栾龙发，等. 2004. 特种爆破技术. 北京：冶金工业出版社.

纳宗会，庙延钢，蔡继发. 2005. 矿山生产与安全技术. 昆明：云南科技出版社.

钮强. 1990. 岩石爆破机理. 沈阳：东北工业学院出版社.

齐景嶽，刘正雄，张儒林，等. 1995. 隧道爆破现代技术. 北京：中国铁道出版社.

邵鹏，东兆星，韩立军，等. 2004. 控制爆破技术. 徐州：中国矿业出版社.

沈祖康. 1994. 工业炸药性能及其测试方法. 南京：南京理工大学.

史雅语，金骥良，顾毅成. 2002. 工程爆破实践. 合肥：中国科学技术大学出版社.

斯蒂格格·O. 奥洛弗松. 1992. 建筑及采矿工程实用爆破技术. 张志毅，史雅语，译. 北京：煤炭工业出版社.

陶松霖. 1986. 凿岩爆破. 北京：冶金工业出版社.

陶松霖. 1994. 凿岩爆破. 北京：冶金工业出版社.

田厚健，毛益松，刘炳琪. 1999. 实用爆破技术. 北京：解放军出版社.

汪旭光，聂森林，等. 1985. 浆状炸药的理论与实践. 北京：冶金工业出版社.

汪旭光，于亚伦，刘殿中. 2004. 爆破安全规程实施手册. 北京：人民交通出版社.

汪旭光，郑炳旭. 2005. 工程爆破名词术语. 北京：冶金工业出版社.

汪旭光. 1993. 乳化炸药. 北京：冶金工业出版社.

汪旭光. 2006. 中国典型爆破工程与技术. 北京：冶金工业出版社.

王文龙. 1984. 钻眼爆破. 北京：煤炭工业出版社.

王玉杰. 2005. 拆除工程与一般土岩工程爆破安全技术. 北京：冶金工业出版社.

王泽山. 2002. 火炸药科学技术. 北京：北京理工大学出版社.

吴子俊，朱德达，郑炳旭，等. 1993. 工程爆破管理学. 北京：煤炭工业出版社.

吴子骏. 2004. 工程爆破操作员读本. 北京：冶金工业出版社.

熊代余，顾颜承. 2002. 岩石爆破理论与技术新进展. 北京：冶金工业出版社.

杨军，陈鹏万，胡刚. 2004. 现代爆破技术. 北京：北京理工大学出版社.

杨永琦. 1991. 矿山爆破技术与安全. 北京：煤炭工业出版社.

叶毓鹏，奚美珏，张利洪. 1997. 炸药用原材料化学与工艺学. 北京：兵器工业出版社.

于亚伦. 2004. 工程爆破理论与技术. 北京：冶金工业出版社.

张宝平. 2001. 爆轰物理学. 北京：冶金工业出版社.

张俊秀，刘光烈. 1998. 爆炸技术及其应用技术. 北京：兵器工业出版社.

张其中. 1994. 爆破安全法规标准选编. 北京：中国标准出版社.

张其中. 1994. 爆破器材管理人员读本. 北京：冶金工业出版社.

张永哲. 2004. 爆破器材经营与管理. 北京：冶金工业出版社.

张正宇，卢文波，等. 2009. 水利水电工程精细爆破概论. 北京：中国水利水电出版社.

张正宇，张文煊，吴新霞，等. 2003. 现代水利水电工程爆破. 北京：中国水利水电出版社.

张正宇，赵根，等. 2009. 塑料导爆管起爆系统理论与实践. 北京：中国水利水电出版社.

张志呈，王刚，杜云贵. 1992. 爆破原理与设计. 重庆：重庆大学出版社.

赵耀江，等. 2004. 非煤矿山安全生产法规与安全生产技术. 北京：煤炭工业出版社.

郑炳旭，王永庆，李萍丰. 2005. 建设工程台阶爆破. 北京：冶金工业出版社.

郑炳旭，王永庆，魏晓林. 2004. 城镇石方爆破. 北京：冶金工业出版社.

中国力学学会工程爆破专业委员会. 1992. 爆破工程（上、下）. 北京：冶金工业出版社

中国力学学会工程爆破专业委员会. 1994. 爆破器材管理人员读本. 北京：冶金工业出版社.

中华人民共和国公安部. 2012. 中华人民共和国公共安全行业标准 GA 990—2012：爆破作业单位资质条件和管理要求.

中华人民共和国公安部. 2012. 中华人民共和国公共安全行业标准 GA 991—2012：爆破作业项目管理要求.

中华人民共和国国家质量监督检验检疫总局. 2015. 中华人民共和国国家标准 GB 6722—2014：爆破安全规程.

钟冬望，马健军，段卫东，等. 2002. 爆炸技术新进展. 武汉：湖北科学技术出版社.

周传波，何晓光，郭料武，等. 2005. 岩石深孔爆破技术新进展. 武汉：中国地质大学出版社.

周听清. 2001. 爆炸动力学及其应用. 合肥：中国科学技术大学出版社.

周学友，刘守成. 1995. 爆破材料管理工. 北京：煤炭工业出版社.

祝树枝，吴森康，杨昌森. 1993. 近代爆破理论与实践. 武汉：中国地质大学出版社.

附录 A　常用数据

附表 A-1　部分炸药和物质的氧平衡数据表

物质名称	分子式	氧平衡/%	定容生成热/（kJ/mol）
硝酸铵	NH_4NO_3	20.0	354.83
硝酸钾	KNO_3	39.6	489.56
硝酸钠	$NaNO_3$	47.0	463.02
硝化乙二醇	$C_2H_4(ONO_2)_2$	0.0	233.41
乙二醇	$C_2H_4(OH)_2$	−129.0	444.93
泰安（PETN）	$C_5H_8(ONO_2)_4$	−10.1	512.50
黑索金（RDX）	$C_3H_6N_3(NO_2)_3$	−21.6	−87.34
奥克托今（HMX）	$C_4H_4N_4(NO_2)_4$	−21.6	−104.84
特屈儿（CE）	$C_6H_2(NO_2)_4NCH_3$	−47.4	−41.49
梯恩梯（TNT）	$C_6H_2(NO_2)_3CH_3$	−74.0	56.52
二硝基甲苯（DNT）	$C_6H_3(NO_2)_2CH_3$	−114.4	53.40
硝化棉（NC）	$C_{24}H_{31}(ONO_2)_9O_{11}$	−38.5	2720.16
苦味酸（PA）	$C_6H_2OH(NO_2)_3$	−55.9	—
叠氮化铅（LA）	$Pb(N_3)_2$	—	−448.00
雷汞（MP）	$Hg(CNO)_2$	−1184.0	−273.40
二硝基重氮酚（DDNP）	$C_6H_2(NO_2)_2NON$	−58.0	−198.83
石蜡	$C_{18}H_{38}$	−346.0	558.94
木粉	$C_{15}H_{22}O_{11}$	−137.0	2005.48
轻柴油	$C_{16}H_{32}$	−342.0	946.09
沥青	$C_{30}H_{18}O$	−276.0	594.53
淀粉	$(C_6H_{10}O_5)_n$	−118.5	948.18
古尔胶（加拿大）	$C_{3.21}H_{6.2}O_{3.38}N_{0.043}$	−98.2	6878.90kJ/kg
甲胺硝酸盐	$CH_6N_2O_3$	−34.0	339.60
水（汽）	H_2O	—	240.70
水（液）	H_2O	—	282.61
二氧化硫	SO_2	—	297.10
二氧化碳	CO_2	—	395.70
一氧化碳	CO	—	113.76
二氧化氮	NO_2	—	−17.17
一氧化氮	NO	—	−90.43
硫化氢	H_2S	—	20.16
甲烷	CH_4	—	74.10
氯化钠	$NaCl$	—	410.47
三氧化二铝	Al_2O_3	—	1666.77

附表 A-2 部分炸药和物质的生成热

物质名称	摩尔质量	分子式	生成热/（kJ/mol）	
			定压	定容
硝酸铵	80	NH_4NO_3	366	355
硝酸钾	101	KNO_3	494	490
硝酸钠	85	$NaNO_3$	493	463
过氯酸钾	138.5	$KClO_4$	438	431
氯酸钾	122.6	$KClO_3$	390	398
硝化甘油	227	$C_3H_5(ONO_2)_3$	371	350
硝化乙二醇	152	$C_2H_4N_2O_6$	248	233
乙二醇	62	$C_2H_4(OH)_2$	—	445
黑索金（RDX）	222	$C_3H_6N_6O_6$	−65.5	−87.3
梯恩梯（TNT）	227	$C_7H_5N_3O_6$	74.1	56.52
硝化棉（NC）	1000	$C_{22.5}H_{28.8}N_{8.7}O_{36.1}$	—	2720
叠氮化铅（LA）	291	PbN_6	−484	−448
雷汞（MP）	284	$Hg(CNO)_2$	−268	−273
斯蒂芬酸铅	468	$C_6H_3N_3O_9Pb$	855	—
二硝基重氮酚（DDNP）	210	$C_6H_2N_4O_5$	−116	−199
石蜡	254	$C_{18}H_{38}$	479	559
硬脂酸	284	$C_{18}H_{36}O_2$	—	891
硬脂酸钙	607	$C_{36}H_{70}CaO_4$	2772	2684
木粉	986	$C_{39}H_{70}O_{28}$	—	5694
轻柴油	224	$C_{16}H_{32}$	—	662
纤维素	—	$(C_8H_{10}O_5)_n$	—	946
沥青	394	$C_{30}H_{18}O$	—	595
水（液）	18	H_2O	286	283
水（汽）	—		242	240.7
三氧化二铝	102	Al_2O_3	1671	1667
三氧化二铁	159.5	Fe_2O_3	831	827
碳酸钠	106	Na_2CO_3	1130	1126
氯化铵	53.5	NH_4Cl	314	306
氯化钠	58.5	$NaCl$	412	410
氯化钙	110	$CaCl_2$	—	793
淀粉	—	$(C_6H_{10}O_5)_n$	—	948
古尔胶	—		—	6900kJ/kg
甲胺硝酸盐	94	$CH_6N_2O_3$	—	340
矿物油	172	$C_{12}H_{28}$	—	343

附表 A-3　部分爆炸产物的生成热

物质名称	摩尔质量	分子式	生成热/（kJ/mol）	
			定压	定容
二氧化碳	44	CO_2	396	396
一氧化碳	28	CO	113	114
二氧化氮	46	NO_2	−33	−17
一氧化氮	30	NO	−90	−90
一氧化二氮	44	N_2O	−82	−74
二氧化硫	—	SO_2	—	297
氯化氢（气）	36.5	HCl	92	92
硫化氢	—	H_2S	—	20
甲烷	16	CH_4	−77	74
氨	17	NH_3	46	44

附表 A-4　工业电雷管名义延期时间系列（GB 8031—2015）

段别	第1毫秒系列 /ms			第2毫秒系列 /ms			第3毫秒系列 /ms			第4毫秒系列 /ms			1/4秒系列 /s			半秒系列 /s			秒系列 /s		
	名义延期时间	下规格限	上规格限	名义延期时间	下规格限	上规格限	名义延期时间	下规格限	上规格限	名义延期时间	下规格限	上规格限	名义延期时间	下规格限	上规格限	名义延期时间	下规格限	上规格限	名义延期时间	下规格限	上规格限
1	0	0	12.5	0	0	12.5	0	0	12.5	0	0	0.6	0	0	0.125	0	0	0.25	0	0	0.50
2	25	12.6	37.5	25	12.6	37.5	25	12.6	37.5	1	0.6	1.5	0.25	0.126	0.375	0.50	0.26	0.75	1.00	0.51	1.50
3	50	37.6	62.5	50	37.6	62.5	50	37.6	62.5	2	1.6	2.5	0.50	0.376	0.625	1.00	0.76	1.25	2.00	1.51	2.50
4	75	62.6	92.5	75	62.6	87.5	75	62.6	87.5	3	2.6	3.5	0.75	0.626	0.875	1.50	1.26	1.75	3.00	2.51	3.50
5	110	92.6	130.0	100	87.6	112.4	100	87.6	112.5	4	3.6	4.5	1.00	0.876	1.125	2.00	1.76	2.25	4.00	3.51	4.50
6	150	130.1	175.0				125	112.6	137.5	5	4.6	5.5	1.25	1.126	1.375	2.50	2.26	2.75	5.00	4.51	5.50
7	200	175.1	225.0				150	137.6	162.5	6	5.6	6.5	1.50	1.376	1.625	3.00	2.76	3.25	6.00	5.51	6.50
8	250	225.1	280.0				175	162.6	187.5	7	6.6	7.5				3.50	3.26	3.75	7.00	6.51	7.50
9	310	280.1	345.0				200	187.6	212.5							4.00	3.76	4.25	8.00	7.51	8.50
10	380	345.1	420.0				225	212.6	237.5							4.50	4.26	4.74	9.00	8.51	9.50
11	460	420.1	505.0				250	237.6	262.5										10.00	9.51	10.49
12	550	505.1	600.0				275	262.6	287.5												
13	650	600.1	705.0				300	287.6	312.5												
14	760	705.1	820.0				325	312.6	337.5												
15	880	820.1	950.0				350	337.6	362.5												
16	1020	950.1	1110.0				375	362.6	387.5												
17	1200	1110.1	1300.0				400	387.6	412.5												
18	1400	1300.1	1550.0				425	412.6	437.5												
19	1700	1550.1	1850.0				450	437.6	462.5												
20	2000	1850.1	2149.9				475	462.6	487.5												
21							500	487.6	512.4												

注1. 表中第2毫秒系列为煤矿许用毫秒延期电雷管时，该系列为强制性。

注2. 除末段外，任何一段延期电雷管的上规格限为该段名义延期时间与上段名义延期时间的中值（精确到本表中的位数），下规格限为该段名义延期时间与下段名义延期时间的中值（精确到本表中的位数）加一个末位数；末段延期电雷管的上规格限为本段名义延期时间与本段下规格限之差，再加上本段名义延期时间。

附表 A-5 导爆管雷管的延期时间（GB 19417—2003）

段别	延期时间（以名义秒量计）							
	毫秒导爆管雷管/ms			1/4秒导爆管雷管/s	半秒导爆管雷管/s		秒导爆管雷管/s	
	第一系列	第二系列	第三系列	第一系列	第一系列	第二系列	第一系列	第二系列
1	0	0	0	0	0	0	0	0
2	25	25	25	0.25	0.50	0.50	2.5	1.0
3	50	50	50	0.50	1.00	1.00	4.0	2.0
4	75	75	75	0.75	1.50	1.50	6.0	3.0
5	110	100	100	1.00	2.00	2.00	8.0	4.0
6	150	125	125	1.25	2.50	2.50	10.0	5.0
7	200	150	150	1.50	3.00	3.00	—	6.0
8	250	175	175	1.75	3.60	3.50	—	7.0
9	310	200	200	2.00	4.50	4.00	—	8.0
10	380	225	225	2.25	5.50	4.50	—	9.0
11	460	250	250	—	—	—	—	—
12	550	275	275	—	—	—	—	—
13	650	300	300	—	—	—	—	—
14	760	325	325	—	—	—	—	—
15	880	350	350	—	—	—	—	—
16	1020	375	400	—	—	—	—	—
17	1200	400	450	—	—	—	—	—
18	1400	425	500	—	—	—	—	—
19	1700	450	550	—	—	—	—	—
20	2000	475	600	—	—	—	—	—
21	—	500	650	—	—	—	—	—
22	—	—	700	—	—	—	—	—
23	—	—	750	—	—	—	—	—
24	—	—	800	—	—	—	—	—
25	—	—	850	—	—	—	—	—
26	—	—	950	—	—	—	—	—
27	—	—	1050	—	—	—	—	—
28	—	—	1150	—	—	—	—	—
29	—	—	1250	—	—	—	—	—
30	—	—	1350	—	—	—	—	—

附表 A-6 常见岩石静态强度

名称 \ 项目	抗压强度/MPa	抗拉强度/MPa	平均抗拉强度与抗压强度比值
花岗岩	75.0～200.0	2.1～5.7	1/35.3
石灰岩	10.0～200.0	0.6～11.8	1/16.9
砂岩	4.5～18.0	0.2～5.2	1/34.2
辉绿岩	160.0～250.0	4.5～7.1	1/35.3
正长岩	120.0～250.0	3.4～7.1	1//35.2
白云岩	40.0～140.0	1.1～4.0	1/35.3
石英岩	87.0～360.0	2.5～10.2	1/35.2
页岩	20.0～40.0	1.4～2.8	1/14.3
砾岩	40～250.0	1.1～7.1	1/35.4

续表

名称　　　　项目	抗压强度/MPa	抗拉强度/MPa	平均抗拉强度与抗压强度比值
石英砂岩	68.0～102.5	1.9～3.0	1/34.8
片麻岩	80.0～180.0	2.2～5.1	1/35.6
纹斑岩	160.0	5.4	1/29.6
碳质页岩	25.0～80.0	1.8～5.6	1/14.2
砂质云母页岩	60.0～120.0	4.3～8.6	1/13.95
泥灰岩	3.5～60.0	0.3～4.2	1/14.1
软页岩	20.0	1.4	1/14.3

附表 A-7　岩石的动态参数

岩石名称	密度 / (g/cm³)	岩体内纵波速度 / (km/s)	岩石杆件纵波速度 / (km/s)	泊松比	弹模 (×10⁵Pa)	剪切模量 (×10⁵Pa)	体积压缩模量/ (×10⁵Pa)	拉梅常数/ (×10⁵Pa)	横波波速 / (km/s)	波阻抗 / (×10⁵kg /cm²·s)
砂	1.40～2.00	0.30～1.30	—	—	0.003	—	—	—	—	0.42～2.60
黏土	1.40～2.50	0.80～3.30	—	—	0.003	—	—	—	—	1.12～8.25
石灰岩	2.42	3.43	2.92	0.26	2.17	0.85	1.71	0.91	1.86	8.30
石灰岩	2.70	6.33	5.16	0.33	7.31	2.74	4.36	5.56	3.70	17.00
白大理岩	2.73	4.42	5.73	0.20	3.84	1.60	3.32	1.06	2.80	12.10
红大理岩	2.73	5.47	4.43	0.26	6.75	2.68	4.74	2.94	3.10	14.90
黑大理岩	2.82	5.90	4.46	0.32	5.74	2.18	7.09	3.85	3.28	16.60
砂岩	2.45	2.44～4.25	—	0.23～0.28	4.41	1.47	2.94	2.45	0.95～3.05	5.95～10.41
片岩	2.46	6.92	6.38	0.24	10.22	4.13	6.50	3.75	4.06	17.00
片岩	2.71	5.75	5.25	0.25	7.60	3.04	5.09	3.07	3.32	15.60
花岗岩	2.60	5.20	4.85	0.22	6.20	2.54	3.77	2.06	3.10	13.50
花岗片麻岩	2.71	6.41	5.23	0.33	7.57	2.84	7.59	5.71	3.20	17.40
白云岩	2.85	6.60	5.81	0.28	9.83	3.83	7.59	5.03	3.63	18.80
辉长-辉绿岩	2.85	5.40	5.00	0.26	7.40	2.88	5.58	3.12	3.14	15.40
辉长-辉绿岩	3.10	5.64	5.24	0.23	8.60	3.54	5.28	3.02	3.35	17.50
辉绿岩	2.87	6.34	5.67	0.27	9.38	3.69	6.79	4.33	3.56	18.20
细粒辉绿岩	3.04	7.53	6.73	0.27	14.03	5.51	10.24	6.46	4.22	22.60
灰绿玢岩	2.91	7.14	5.95	0.32	10.50	3.97	9.84	7.18	3.66	20.80
玢岩	2.93	6.41	5.42	0.31	8.85	3.38	7.78	5.51	3.36	18.80
石英岩	2.65	6.42	5.85	0.25	9.26	3.70	7.89	3.70	3.70	17.00
辉长岩	2.98	6.56	—	—	—	—	—	—	3.44	19.55
玄武岩	3.00	5.61	—	—	—	—	—	—	3.05	16.83
橄榄岩	3.28	7.98	—	—	—	—	—	—	4.08	26.17
页岩	2.35	1.83～3.97	—	0.22～0.40	2.94	0.98	1.96	0.98	1.07～2.28	4.30～9.33
煤	1.25	1.20	0.86	0.36	0.18	0.07	0.09	0.05	0.72	1.50

附表 A-8 普氏岩石坚固性分级表

等级	坚固性程度	岩石	f
I	最坚固	最坚固、致密和有韧性的石英岩和玄武岩，其他各种特别坚固的岩石	20
II	很坚固	很坚固的花岗质岩石，石英斑岩，很坚固的花岗岩，矽质片岩，比上一级较不坚固的石英岩，最坚固的砂岩和石灰岩	15
III	坚固	花岗岩（致密的）和花岗片岩岩石，很坚固的砂岩和石灰岩，石英质矿脉，坚固的砾岩，极坚固的铁矿	10
IIIa	坚固	石灰岩（坚固的），不坚固的花岗岩，坚固的砂岩，坚固的大理石岩和白云岩、黄铁矿	8
IV	较坚固	一般的砂岩、铁矿	6
IVa	较坚固	砂质页岩，页岩质砂岩	5
V	中等	坚固的黏土质岩石，不坚固的砂岩和石灰岩	4
Va	中等	各种不坚固的页岩，致密的泥灰岩	3
VI	较软弱	较软弱的页岩，很软弱的石灰岩，白垩，岩盐，石膏，冻土，无烟煤，普通泥灰岩，破碎的砂岩，胶结砾石，石质土壤	2
VIa	较软弱	碎石质土壤、破碎的页岩、凝结成块的砾石和碎石、坚固的煤、硬化的黏土	1.5
VII	软弱	黏土（致密的）、软弱的烟煤，坚固的冲积层、黏土质土壤	1.0
VIIa	软弱	轻砂质黏土、黄土、砾石	0.8
VIII	土质岩石	腐植土、泥煤、轻砂质土壤、湿砂	0.6
IX	松散性岩石	砂、山麓堆积、细砾石、松土、采下的煤	0.5
X	流沙性岩石	流砂、沼泽土壤、含水黄土及其他含水土壤	0.3

附表 A-9 A.H.哈努卡耶夫岩石爆破破碎性分级表

岩石级别		I	II	III	IV	V	VI
代表性岩石		坚硬岩石：花岗岩、玢岩、闪长岩、玄武岩、片麻岩		中等坚硬岩石：白云岩、石灰岩、大理岩、砂质砾岩、页岩等			松软岩石：泥灰岩、片岩等
破坏性质		脆性破坏		准脆性破坏			塑性破坏
岩石波阻抗/（10^6kg/m^2/s）		16～20	14～16	10～14	8～10	4～8	2～4
岩石坚固系数 f		15～20	10～15	5～10	3～5	1～3	0.5～1.0
破坏能量消耗/（kJ/m^3）		70～80	50～70	40～50	30～40	20～30	13
推荐采用的炸药指标	爆压/（10^3MPa）	20	16.5	12.5	8.5	4.8	2.0
	爆速/（m/s）	6300	5600	4800	4000	3000	2500
	装药密度/（g/cm^3）	1.2～1.4	1.2～1.4	1.0～1.2	1.0～1.2	1.0～1.2	0.8～1.0
	炸药潜能/（kJ/kg）	5000～5500	4750～5000	4200～4750	3500～4200	3000～3500	2800～3000
块度平均线性尺寸/cm	5	1.65	1.50	1.40	1.20	0.95	0.65
	10	1.30	1.20	1.10	1.00	0.75	0.50
	15	1.10	1.00	0.95	0.85	0.65	0.45
	20	单位耗药量/（kg/m^3） 1.00	0.90	0.85	0.75	0.60	0.40
	30	0.85	0.78	0.70	0.64	0.50	0.33
	40	0.70	0.62	0.57	0.50	0.40	0.25

附表 A-10　Б.Н.库图佐夫岩石爆破性分级表

爆破性分级	爆破单位炸药消耗量/（kg/m³）		岩体自然裂隙平均间距/m	岩体中大块构体含量/%		抗压强度/MPa	岩石密度/（t/m³）	岩石坚固系数 f
	范围	平均		大于 500mm	大于 1500mm			
I	0.12～0.18	0.15	<0.10	0～2	0	10～30	1.40～1.80	1～2
II	0.18～0.27	0.22	0.10～0.25	2～16	0	20～45	1.75～2.35	2～4
III	0.27～0.38	0.32	0.20～0.50	10～52	0～1	30～65	2.25～2.55	4～6
IV	0.38～0.52	0.45	0.45～0.75	45～80	0～4	50～90	2.50～2.80	6～8
V	0.52～0.68	0.60	0.70～1.00	75～98	2～15	70～120	2.75～2.90	8～10
VI	0.68～0.88	0.78	0.95～1.25	96～100	10～30	110～160	2.85～3.00	10～15
VII	0.88～1.10	0.99	1.20～1.50	100	25～47	145～205	2.95～3.20	15～20
VIII	1.10～1.37	1.23	1.45～1.70	100	43～63	195～250	3.15～3.40	20
IX	1.37～1.68	1.52	1.65～1.90	100	58～78	235～300	3.35～3.60	20
X	1.68～2.03	1.85	≥1.85	100	75～100	≥285	≥3.55	20

附表 A-11　各类岩石松动、光面与预裂爆破炸药单耗

岩石名称	岩石特征	岩石坚固系数 f	炮孔松动爆破/（g/m³）	光面爆破/（g/m³）	预裂爆破/（g/m³）
页岩千枚岩	风化破碎	2～4	330～480	140～280	270～400
	完整、微风化	4～6	400～520	150～310	300～460
板岩泥灰岩	泥质、薄层、层面张开、较破碎	3～5	370～520	150～300	300～450
	较完整、层面闭合	5～8	400～560	160～320	320～480
砂岩	泥质胶结、中薄层或风化破碎	4～6	330～480	130～270	270～400
	钙质胶结、中厚层、中为例结构、裂隙不甚发育	7～8	430～560	160～330	330～500
	硅质胶结、石英质砂岩、厚层裂隙不发育、未风化	9～14	470～680	190～390	380～580
砾岩	胶结性差、砾石以砂岩或较不坚硬岩石为主	5～8	400～560	160～320	320～480
	胶结好、以坚硬的岩石组成、未风化	9～12	470～640	180～370	370～550
白云岩大理岩	节理发育、较疏松破碎、裂隙频率大于4 条/m	5～8	400～560	160～320	320～480
	完整、坚硬的	9～12	500～640	190～380	380～570
石灰岩	中薄层或含泥质的、竹叶状结构的及裂隙较发育的	6～8	430～560	160～330	330～500
	厚层、完整或含硅质、致密的	9～15	470～680	190～380	380～580
花岗岩	风化严重、节理裂隙很发育、多组节理交割、裂隙频率大于 5 条/m	4～6	370～520	150～300	300～450
	风化较轻节理不甚发育或未风化的伟晶、粗晶结构的	7～12	430～640	180～360	360～540
	西平均结构、未风化、完整致密的	12～20	530～720	210～420	420～630
流纹岩、粗面岩、蛇纹岩	较破碎的	6～8	400～560	160～320	320～480
	完整的	9～12	500～680	200～400	400～590
片麻岩	片里或节理发育的	5～8	400～560	160～320	320～480
	完整坚硬的	9～14	500～680	200～400	400～590

续表

岩石名称	岩石特征	岩石坚固系数 f	炮孔松动爆破/（g/m³）	光面爆破/（g/m³）	预裂爆破/（g/m³）
正长岩	较风化、整体性较差的	8～12	430～600	170～340	340～520
闪长岩	未风化、完整致密的	12～18	530～700	200～410	410～620
石英岩	风化破碎、裂隙频率大于 5 条/m	5～7	370～520	150～300	300～450
	中等坚硬、较完整的	8～14	470～640	190～370	370～560
	很坚硬完整、致密的	14～20	570～800	230～460	460～680
安山岩	受节理裂隙切割的	7～12	430～600	170～340	340～510
玄武岩	完整坚硬致密的	12～20	530～800	220～440	440～660
辉长岩辉绿	受节理切割的	8～14	470～680	190～380	380～580
岩橄榄岩	很完整、很坚硬致密的	14～25	600～840	240～480	480～720

附表 A-12　硐室爆破各种岩土的单位炸药消耗量

岩石名称	岩体特征	f 值	炸药单耗/（kg/m³） 松动（K'）	炸药单耗/（kg/m³） 抛掷（K）
各种土	松软	＜1.0	0.3～0.4	1.0～1.1
	坚实	1～2	0.4～0.5	1.1～1.2
土夹石	密实	1～4	0.4～0.6	1.2～1.4
页岩、千枚岩	风化破碎	2～4	0.4～0.5	1.0～1.2
	完整、风化轻微	4～6	0.5～0.6	1.2～1.3
板岩、泥灰岩	泥质，薄层，层面张开，较破碎	3～5	0.4～0.6	1.1～1.3
	较完整，层面闭合	5～8	0.5～0.7	1.2～1.4
砂岩	泥质胶结，中薄层或风化破碎	4～6	0.4～0.5	1.0～1.2
	钙质胶结，中厚层，中细粒结构，裂隙不甚发育	7～8	0.5～0.6	1.3～1.4
	硅质胶结，石英质砂岩，厚层，裂隙不发育，未风化	9～14	0.6～0.7	1.4～1.7
砾岩	胶结较差，砾石及砂岩或较不坚硬的岩石为主	5～8	0.5～0.6	1.2～1.4
	胶结好，以较坚硬的砾石组成，未风化	9～12	0.6～0.7	1.4～1.6
白云岩	节理发育，较疏松破碎，裂隙频率大于 4 条/m	5～8	0.5～0.6	1.2～1.4
大理岩	完整、坚实	9～12	0.6～0.7	1.5～1.6
石灰岩	中薄层，或含泥质的，或鲕状、竹叶状结构的及裂隙较发育	6～8	0.5～0.6	1.3～1.4
	厚层、完整或含硅质、致密	9～15	0.6～0.7	1.4～1.7
花岗岩	风化严重，节理裂隙很发育，多组节理交割，裂隙频率大于 5 条/m	4～6	0.4～0.6	1.1～1.3
	风化较轻，节理不甚发育或未风化的伟晶粗晶结构	7～12	0.6～0.7	1.3～1.6
	细晶均质结构，未风化，完整致密岩体	12～20	0.7～0.8	1.6～1.8
流纹岩、粗面岩、蛇纹岩	较破碎	6～8	0.5～0.7	1.2～1.4
	完整	9～12	0.7～0.8	1.5～1.7
片麻岩	片理或节理裂隙发育	5～8	0.5～0.7	1.2～1.4
	完整坚硬	9～14	0.7～0.8	1.5～1.7

续表

岩石名称	岩体特征	f 值	炸药单耗/（kg/m³）松动（K'）	炸药单耗/（kg/m³）抛掷（K）
正长岩、闪长岩	较风化，整体性较差	8～12	0.5～0.7	1.3～1.5
	未风化，完整致密	12～18	0.7～0.8	1.6～1.8
石英岩	风化破碎，裂隙频率大于 5 条/m	5～7	0.5～0.6	1.1～1.3
	中等坚硬，较完整	8～14	0.6～0.7	1.4～1.6
	很坚硬，完整致密	14～20	0.7～0.9	1.7～2.0
安山岩、玄武岩	受节理裂隙切割	7～12	0.6～0.7	1.3～1.5
	完整坚硬致密	12～20	0.7～0.9	1.6～2.0
辉长岩、辉绿岩、橄榄岩	受节理裂隙切割	8～14	0.6～0.7	1.4～1.7
	很完整，很坚硬致密	14～25	0.8～0.9	1.8～2.1

附表 A-13　钢筋混凝土梁柱 q 值参考表

W/cm	q/（g/m³）	（$\sum Q_i$)/(V/g/m³)	布筋情况	爆破效果
10	1150～1300	1100～1250	正常布筋	混凝土破碎、疏松、与钢筋分离、部分碎块逸出钢筋笼
	1400～1500	1350～1450	单箍筋	混凝土粉碎、疏松、脱离钢筋笼，箍筋拉断，主筋膨胀
15	500～560	480～540	正常布筋	混凝土破碎、疏松、与钢筋分离、部分碎块逸出钢筋笼
	650～740	600～680	单箍筋	混凝土破碎、疏松、脱离钢筋笼，箍筋拉断，主筋膨胀
20	380～420	360～400	正常布筋	混凝土破碎、疏松、与钢筋分离、部分碎块逸出钢筋笼
	420～460	400～440	单箍筋	混凝土粉碎、疏松、脱离钢筋笼，箍筋拉断，主筋膨胀
30	300～340	280～320	正常布筋	混凝土破碎、疏松、与钢筋分离、部分碎块逸出钢筋笼
	350～380	330～360	单箍筋	混凝土粉碎、疏松、脱离钢筋笼，箍筋拉断，主筋膨胀
	380～400	360～380	布筋较密	混凝土破碎、疏松、与钢筋分离、部分碎块逸出钢筋笼
	460～480	440～460	双箍筋	混凝土破碎、疏松、脱离钢筋笼，箍筋拉断，主筋膨胀
40	260～280	240～260	正常布筋	混凝土破碎、疏松、与钢筋分离、部分碎块逸出钢筋笼
	290～320	270～300	单箍筋	混凝土粉碎、疏松、脱离钢筋笼，箍筋拉断，主筋膨胀
	350～370	330～350	布筋较密	混凝土破碎、疏松、与钢筋分离、部分碎块逸出钢筋笼
	420～440	400～420	双箍筋	混凝土破碎、疏松、脱离钢筋笼，箍筋拉断，主筋膨胀
50	220～240	200～220	正常布筋	混凝土破碎、疏松、与钢筋分离、部分碎块逸出钢筋笼
	250～280	230～260	单箍筋	混凝土破碎、疏松、脱离钢筋笼，箍筋拉断，主筋膨胀
	320～340	300～320	布筋较密	混凝土破碎、疏松、与钢筋分离、部分碎块逸出钢筋笼
	380～400	360～380	双箍筋	混凝土粉碎、疏松、脱离钢筋笼，箍筋拉断，主筋膨胀

附表 A-14　砖墙 q 值参考表

厚度/cm		37	50	63	75	100
q 值/（kg/m³）	直墙	1.0～1.2	0.8～1.0	0.6～0.7	0.4～0.5	—
	烟囱	2.1～2.5	1.3～1.5	0.9～1.0	0.6～0.7	0.4～0.5

附表 A-15　钢筋混凝土墙 q 值参考表

厚度/cm			20	30	40	50	60
q 值/（kg/m³）	直墙	破碎	1.4～1.6	0.6～0.7	0.5	—	—
		脱笼	1.7～1.9	0.8～0.9	0.5～0.6	—	—
	烟囱		1.8～2.2	1.5～1.8	1.0～1.2	0.9～1.0	0.7

附表 A-16　中国地震烈度表（GB/T 17742—2008）

地震烈度	人的感觉	房屋震害			其他震害现象	水平向地面运动	
		类型	震害程度	平均震害指数		峰值加速度/（m/s²）	峰值速度/（m/s）
I	无感	–	–	–	–	–	–
II	室内个别静止中人有感觉	–					
III	室内少数静止中人有感觉	–	门、窗轻微作响	-	悬挂物微动		
IV	室内多数人、室外少数人有感觉，少数人梦中惊醒	–	门、窗作响	-	悬挂物明显摆动，器皿作响	–	–
V	室内绝大多数、室外多数人有感觉，多数人梦中惊醒	–	门窗、屋顶、屋架颤动作响，灰土掉落，个别房屋抹灰出现细微细裂缝，个别檐瓦掉落，个别屋顶烟囱掉砖	-	悬挂物大幅度晃动，不稳定器物摇动或翻倒	0.31（0.22～0.44）	0.03（0.02～0.04）
VI	多数人站立不稳，少数人惊逃户外	A	少数中等破坏，多数轻微破坏和/或基本完好	0.00～0.11	家具和物品移动；河岸和松软土出现裂缝，饱和砂层出现喷砂冒水；个别独立砖烟囱轻度裂缝	0.63（0.45～0.89）	0.06（0.05～0.09）
		B	个别中等破坏，少数轻微破坏，多数基本完好				
		C	个别轻微破坏，大多数基本完好	0.00～0.08			
VII	大多数人惊逃户外，骑自行车的人有感觉，行驶中的汽车驾乘人员有感觉	A	少数毁坏和/或严重破坏，多数中等和/或轻微破坏	0.09～0.31	物体从架子上掉落；河岸出现塌方，饱和砂层常见喷水冒砂，松软土地上地裂缝较多；大多数独立砖烟囱中等破坏	1.25（0.90～1.77）	0.13（0.10～0.18）
		B	少数毁坏，多数严重和/或中等破坏				
		C	个别毁坏，少数严重破坏，多数中等和/或轻微破坏	0.07～0.22			
VIII	多数人摇晃颠簸，行走困难	A	少数毁坏，多数严重和/或中等破坏	0.29～0.51	干硬土上出现裂缝，饱和砂层绝大多数喷砂冒水；大多数独立砖烟囱严重破坏	2.50（1.78～3.53）	0.25（0.19～0.35）
		B	个别毁坏，少数严重破坏，多数中等和/或轻微破坏				
		C	少数严重和/或中等破坏，多数轻微破坏	0.20～0.40			
IX	行动的人摔倒	A	多数严重破坏或/和毁坏	0.49～0.71	干硬土上多处出现裂缝，可见基岩裂缝、错动，滑坡、塌方常见；独立砖烟囱多数倒塌	5.00（3.54～7.07）	0.50（0.36～0.71）
		B	少数毁坏，多数严重和/或中等破坏				
		C	少数毁坏和/或严重破坏，多数中等和/或轻微破坏	0.38～0.60			
X	骑自行车的人会摔倒，处不稳状态的人会摔离原地，有抛起感	A	绝大多数毁坏	0.69～0.91	山崩和地震断裂出现；基岩上拱桥破坏；大多数独立砖烟囱从根部破坏或倒毁	10.00（7.08～14.14）	1.00（0.72～1.41）
		B	大多数毁坏				
		C	多数毁坏和/或严重破坏	0.58～0.80			
XI		A	绝大多数毁坏	0.89～1.00	地震断裂延续很大，大量山崩滑坡	-	-
		B					
		C		0.78～1.00			
XII	–	A	–	1.00	地面剧烈变化，山河改观	–	–
		B					
		C					

注：表中的数量词："个别"为10%以下；"少数"为10%～45%；"多数"为40%～70%；"大多数"为60%～90%；"绝大多数"为80%以上。

附表 A-17　建筑物的破坏程度与超压关系

破坏等级	1	2	3	4	5	6	7
破坏等级名称	基本无破坏	次轻度破坏	轻度破坏	中等破坏	次严重破坏	严重破坏	完全破坏
超压 $\Delta P/10^5$Pa	<0.02	0.02～0.09	0.09～0.25	0.25～0.40	0.40～0.55	0.55～0.76	>0.76
建筑物破坏程度							
玻璃	偶然破坏	少部分破大块，大部分小块	大部分破成小块到粉碎	粉碎	—	—	—
木门窗	无损坏	窗扇少量破坏	窗扇大量破坏，门扇、窗框破坏	窗扇掉落、内倒、窗框、门扇大量破坏	门、窗扇摧毁，窗框掉落	—	—
砖外墙	无损坏	无损坏	出现小裂缝，宽度小于5mm，稍有倾斜	出现较大裂缝，缝宽5mm～50mm，明显倾斜，砖跺出现小裂缝	出现大于50mm的大裂缝，严重倾斜，砖跺出现较大裂缝	部分倒塌	大部分至全部倒塌
木屋盖	无损坏	无损坏	木屋面板变形，偶见折裂	木屋面板、木檩条折裂，木屋架支座松动	木檩条折断，木屋架杆件偶见折断，支座错位	部分倒塌	全部倒塌
瓦屋面	无损坏	少量移动	大量移动	大量移动到全部掀动	—	—	—
钢筋混凝土屋盖	无损坏	无损坏	无损坏	出现小于1mm的小裂缝	出现1mm～2mm宽的裂缝，修复后可继续使用	出现大于2mm的裂缝	承重砖墙全部倒塌，钢筋混凝土承重柱严重破坏
顶棚	无损坏	抹灰少量掉落	抹灰大量掉落	木龙骨部分破坏下垂	塌落		
内墙	无损坏	板条墙抹灰少量掉落	板条墙抹灰大量掉落	砖内墙出现小裂缝	砖内墙出现大裂缝	砖内墙出现严重裂缝至部分倒塌	砖内墙大部分倒塌
钢筋混凝土柱	无损坏	无损坏	无损坏	无损坏	无破坏	有倾斜	有较大倾斜

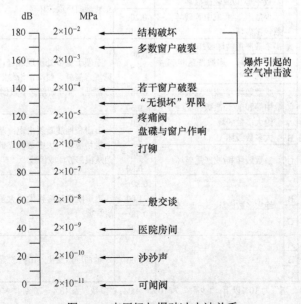

图 A-1　声压级与爆破冲击波关系

附录 B 常用的爆破器材与设备

黑索金

硝酸铵

泰安

梯恩梯（鳞片状）

梯恩梯（熔铸药块）

系列起爆药

散装铵油炸药

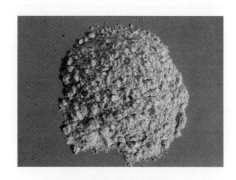

散状膨化硝铵炸药

塑料包装胶状乳化炸药

纸筒装粉状乳化炸药

高爆速水胶炸药震源药柱

震源药柱

起爆具

油气井射孔弹

导爆管

高强度导爆管

导爆索

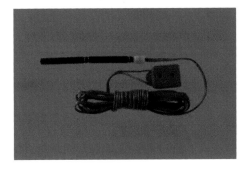

数码电子雷管

磁电雷管

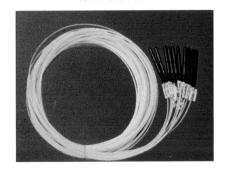

导爆管雷管

煤矿许用型毫秒电雷管（安徽雷鸣科化）

工业电雷管

螺旋四通

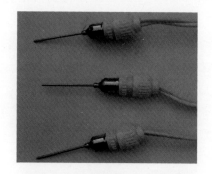

激发针

高能脉冲起爆器

矿用起爆器

电雷管测试仪

爆破振动记录仪及传感器